ÉTUDE

SUR LE

VOL NATUREL

ET

NOUVELLE THÉORIE GÉNÉRALE.

PAR S. MONTEIL,

Professeur de Sciences au Collége de Vannes ;
Membre correspondant de la Société des Sciences naturelles de Nîmes ;
Membre de la Société d'Astronomie ;
Membre de la Société polymathique du Morbihan ;
Membre et Secrétaire de la Commission météorologique agricole du Morbihan.

VANNES

IMPRIMERIE GALLES, RUE DE LA PRÉFECTURE.

1878.

ÉTUDE SUR LE VOL NATUREL

ET

NOUVELLE THÉORIE GÉNÉRALE.

Une revue des sciences, *La Nature*, dit (205e n°, année 1877), dans
son compte-rendu de la 15e réunion des délégués des sociétés savantes
à la Sorbonne : « La théorie du vol imaginée par M. Monteil, professeur
« à Vannes (Morbihan), diffère de celles de M. Marey et de M. Pettigrew
« en ce qu'elle est fondée sur la transmission de la force vive d'un
« courant artificiel ou circonstanciel. Le vol ramé consiste dans la
« rotation de l'aile créant le courant artificiel, dont l'aile, par sa fonction
« organique et ses qualités physiques, convertit la force vive en une vitesse
« constante, profitable à l'oiseau à la fois pour son soutien et sa transla-
« tion. Si le courant existe à l'avance dans l'atmosphère, les voiliers
« peuvent s'en servir et planer. Un phénomène remarquable qu'offrent
« les voiliers est de planer dans un courant, où ils puisent une vitesse
« égale et opposée à celle du courant atmosphérique, pour un temps
« défini et généralement court. . . . .
« . . . . L'aile dans cette théorie imprime
« à l'air ambiant un mouvement régulier, évitant toute résistance de
« l'avant en arrière. L'aile a trois courbures théoriques, qui, très-
« sensibles chez les volatiles à longues ailes, s'effacent et disparaissent
« chez la plupart des insectes. — La surface alaire est limitée en tous
« sens par des lois. Cette théorie mathématique de l'aile, permet, avec
« la règle et le compas, de découper sur un plan, avec l'aide de for-
« mules, toutes les formes d'ailes observées, en faisant varier conve-
« nablement dans les formules des quantités qui peuvent grandir ou
« diminuer dans de certaines limites. »

Cette théorie confirme les observations faites par MM. Marey et Pettigrew. Elle complète plusieurs des interprétations qu'ils ont données
de certains faits d'expérimentation et d'observation. Dans tous les cas,
elle justifie pleinement les principaux résultats matériels et non théoriques auxquels ils ont été conduits l'un et l'autre. Ces résultats très-

résumés me serviront d'introduction à la théorie générale du vol naturel, dont ils faciliteront l'intelligence et la comparaison avec les théories antérieurement établies.

Vol observé par M. Pettigrew (J. Bell.)

professeur au Collège royal des Chirurgiens d'Edimbourg.

Dès les premières pages de son livre sur la *Locomotion chez les animaux*, M. Pettigrew constate que le vol est un problème purement mécanique, offrant un intérêt permanent à ceux qui recherchent dans la créature l'harmonie des fonctions et la merveilleuse économie avec laquelle y a pourvu la nature industrieuse, dont la rare sagesse surprend dans l'étude du vol l'admiration de l'observateur, même superficiel. La découverte des lois du vol nous permettrait d'imposer notre joug aux puissances naturelles qui y concourent. — Tous les volatiles sont plus lourds que l'air. Le poids, loin d'être un obstacle au vol artificiel lui est absolument nécessaire : aucune machine construite dans ce but ne devrait viser à être spécifiquement moins lourde que l'air. Mais, jusqu'à ce que l'on ait bien compris la structure et l'emploi des ailes, la route de l'aigle dans les airs restera un mystère. L'étude du vol n'a jamais, si ce n'est tout récemment, été entreprise d'une manière systématique et rationnelle. On ne sait que fort peu de choses des lois qui le régissent. Si nous les connaissions bien, si nous étions en possession de données dignes de foi, nous aurions des guides sûrs dans nos projets de vol artificiel, répète M. Pettigrew, et le formidable nœud gordien du vol serait rapidement débrouillé. — L'auteur anglais fait ici une remarque très-importante : l'ondulation ou la courbe tracée par l'aile d'un insecte, d'une chauve-souris ou d'un oiseau, lorsque ces animaux sont fixés ou suspendus devant un objet et qu'ils volent, correspond d'une manière marquée avec la courbe décrite par l'ondulation stationnaire et progressive des fluides, et aussi avec les ondes sonores. Cette coïncidence paraît établir un lien intime entre l'instrument et le milieu dans lequel il est destiné à opérer. L'aile agit suivant des courbes tout à fait semblables à celles que subit l'atmosphère dans la transmission du son. Le monde animé et le monde inanimé sont réciproques. Le vent agite l'eau à la manière du poisson qui nage, et les vibrations de l'aile frappent l'air comme le fait un son ordinaire. Les surfaces et les mouvements de l'aile de l'oiseau sont corrélatifs de ceux du milieu ambiant. L'oiseau vole en décrivant par ses ailes des mouvements en forme de 8. MM. Marey, Sénécal, de Fastes, Ciotti, ont vérifié l'observation très-importante de M. Pettigrew et ont reconnu les mouvements alaires en forme de 8.

Le professeur Weber a démontré que quand les membres d'un animal se balancent d'arrière en avant pendant le mouvement de progression, ils obéissent aux mêmes lois qui régissent les oscillations périodiques du pendule. Cette loi est applicable aux ailes dans le vol.

Les animaux se mouvant dans l'air et l'eau, éprouvent dans ces milieux une résistance sensible, qui est plus ou moins grande en proportion de la densité et de la ténacité du fluide, de la forme, de la surface et aussi de la vitesse de l'animal. Une recherche sur le total, et la nature de la résistance à la progression des animaux tant pour l'air que pour l'eau, nous fournira aussi des données proportionnelles à la résistance de ces fluides agissant, comme points d'appui, à l'égard des organes locomoteurs, soit nageoires, soit ailes, ou toute autre forme de levier. Les mouvements de l'air et de l'eau, leurs directions exercent de très-importantes influences sur la vitesse résultant de l'action musculaire. Pour estimer la force requise pour voler, il est important de remarquer qu'un corps plongé dans un fluide perd une portion de son poids égale au poids du fluide qu'il déplace. La force requise dépend à la fois et du poids spécifique de l'animal et du milieu dans lequel il est placé.

Avant d'examiner la structure de l'oiseau, M. Pettigrew s'occupe de sa stabilité. Le centre de gravité d'un corps est le point autour duquel, si la force de pesanteur n'agissait pas, il se contrebalancerait dans toutes les positions, soutenu dans l'espace. Les effets produits et subis par un corps sont les mêmes que si toute sa masse était réunie en son centre de gravité. Dans les objets en repos, il est au-dessus de la base de sustentation ; chez les animaux terrestres, il est soutenu par des organes diversement disposés. Chez les poissons, dont le milieu a une densité peu différente, le centre de gravité est soumis à toutes les actions intimes ou étrangères. Pendant le vol des insectes et des oiseaux, il est suspendu : il se trouve au-dessous du point d'application de la force qui soutient le volatile. Il est placé au-dessous des ailes. Cela résulte de la structure de l'oiseau.

Une grande attention, continue l'auteur anglais, a été donnée à l'étude des articulations par les frères Weber, Meyer, Langer, Henche, Meissner et Goodsir. Il est démontré que la configuration hélicoïdale des surfaces articulaires consiste en une combinaison d'une double vis conique. Quant à lui, il a réussi à démontrer une semblable configuration en spirale dans les divers os et articulations de l'aile de la chauve-souris et de l'oiseau. Cette disposition leur permet de saisir et d'abandonner les points d'appui sur lesquels agissent leurs organes, sorte de leviers tordus en forme de vis, avec toute la rapidité que leur commande là mobilité de l'élément où ils vivent. De plus, les articulations sont moins maintenues par la solidité des tissus que par l'influence de la pression atmosphérique. Le docteur Arnott fit remarquer, le premier, l'influence de la pression atmosphérique, puis elle a été constatée par MM. Weber,

Müller, Todd, Wormald et autres. L'action mécanique de cette force ne contrarie pas les mouvements des membres articulés. Elle assure avec le glissement des membres l'un sur l'autre, la conservation des tissus qui les entourent.

La chauve-souris est le seul mammifère pourvu d'ailes qui lui permettent de voler. Quelques animaux se précipitent, comme des parachutes, d'immenses hauteurs. Tels sont : le dragon ou lézard volant, le maquis-volant, les ptérodactyles, les poissons volants et les macareux. La chauve-souris montre que le vol peut être obtenu, sans l'aide d'os creux et de sacs à air, par des efforts musculaires.

La natation, la marche et le vol ne sont en réalité que des modifications l'un de l'autre. La marche se transforme en natation, et la natation en vol par d'insensibles gradations. Le poids du corps joue un rôle important dans les trois modes de locomotion. La plupart des quadrupèdes nagent aussi bien qu'ils marchent. Des oiseaux marchent, nagent et volent indifféremment. Sans la part que la masse prend à la facilité du vol, les voyages prolongés des oiseaux de passage seraient impossibles. De tous les mouvements des animaux, le vol est sans contredit le plus beau : c'est la poésie du mouvement. Quelques autorités sont d'opinion que des oiseaux dorment sur leurs ailes. Toujours est-il que l'albatros, ce prince de la tribu ailée, peut planer toute une heure sans battre une seule fois de l'aile. Cela ne peut se faire qu'en vertu du poids de l'oiseau agissant sur les plans inclinés ou cerfs-volants, formés par ses ailes.

On croit communément que l'oiseau développe une quantité de travail tout à fait énorme par rapport à nous. C'est, on n'en peut pas douter, une erreur populaire. Un oiseau peut voler tout un jour, un poisson nager tout un jour et un homme marcher tout un jour, et il n'est pas besoin de forces différentes. Les vitesses comparées de l'oiseau et de l'homme ne donnent pas le critérium de la puissance exercée. La vitesse n'est qu'en partie due à la force ; elle est due aussi à la forme et aux dimensions des surfaces alaires, à la densité du milieu traversé, enfin à la résistance à se mouvoir en avant. L'observation du vol de l'albatros et d'autres oiseaux porte à penser précisément le contraire. L'expérience d'insectes qui continuent à voler, privés des 2/3 de leurs ailes, confirme largement le résultat de la simple observation.

L'oiseau vole en faisant des mouvements en forme de 8. Les ailes sont des vis par leur structure et ressemblent à une lame de l'hélice propulsive ordinaire. Elle le sont aussi par leurs fonctions ; car leurs torsions et détorsions, ainsi que leur rotation dans le sens de la longueur, font ressembler les oscillations de l'aile à l'action d'une hélice mise en mouvement. Leur action est continue. Leurs plans sont renversés plus ou moins complètement à chaque coup. C'est ce qui constitue la figure en forme de 8 que l'animal décrit dans l'espace, s'il est artificiellement fixé. Dans le vol libre, cette courbe est bouclée ou seulement ondulée.

Dans la montée, comme dans la descente de l'aile, l'oiseau la fait agir comme un cerf-volant. L'ascension et la chute de l'aile pendant le vol correspondent aux pas faits par les extrémités pendant la marche : l'aile tourne sur le corps pendant le coup en bas ; le corps de l'oiseau tourne sur l'aile pendant le coup en haut. Quand l'aile descend, elle fait une courbe dirigée en bas et en avant. Quand le corps descend, il décrit une courbe dirigée en bas et en avant ; pendant ce dernier mouvement, l'aile remonte suivant une courbe dirigée de bas en haut et en avant. Les courbes de l'aile et du corps sont des lignes ondulées, qui se coupent à chaque coup d'aile en forme de 8. L'aile et le corps agissent alternativement l'un sur l'autre. L'une est active quand l'autre est passif. De cette manière, le poids de l'animal est utilisé, les faux pas évités et la continuité du mouvement assurée.

Les ailes de l'autruche sont d'une nature très-rudimentaire par rapport aux jambes. Tous les os s'y retrouvent, mais ils sont si réduits qu'ils sont tout à fait inutiles comme organes de vol. Les angles que forment entre eux les os de l'aile sont encore plus petits que ceux formés par les os des jambes. On devait justement s'y attendre à priori : la vélocité, en effet, avec laquelle se meuvent les ailes, dépasse de beaucoup celle des jambes. Les os des ailes de l'autruche se rencontrent à peu près à angles droits. Quoiqu'inutiles comme organes de vol, elles forment d'importants auxiliaires pour la course. Quand l'autruche court dans la plaine, elle étend ses ailes de manière qu'elles agissent comme balanciers et l'aident à se maintenir en équilibre. A cause de l'angle que leur surface inférieure forme avec l'horizon, et à cause de la grande vitesse avec laquelle les autruches voyagent, elles agissent à la façon de cerfs-volants, élèvent et amènent en avant par une adaptation mécanique une certaine portion de la masse de l'oiseau déjà en mouvement.

Aucun oiseau à grandes ailes ne court bien. L'albatros marche avec difficulté ; de même l'aigle et le vautour. La vitesse de l'autruche excède celle de tout autre animal. Darwin, le plus soigneux des observateurs, dit M. Pettigrew, nous informe que l'autruche se met facilement à l'eau et non-seulement traverse des rivières rapides, mais encore va d'une île à l'autre. Elle nage à loisir, le cou étendu et la plus grande partie du corps submergée. Darwin n'a pas établi si elle nage par le vol dit sub-aquatique, comme les harles rouges que M. Macgillivray a observés et qui lui semblaient se mouvoir sous l'eau avec presque autant de vélocité que dans l'air. Les harles rouges sortent de l'eau pour respirer, souvent à 200 yards (182 mètres) de l'endroit où ils ont plongé. Les grèbes et les guillemots ont les plumes de l'aile raides et réduites au minimum de taille. L'aile du petit pingouin est tordue. Dans le vol sub-aquatique, la marge épaisse de l'aile, quand elle donne le coup efficace, est tournée vers le bas. C'est précisément le contraire de ce qui se présente pour l'aile ordinaire dans le vol aérien. Les plumes de l'aile chez le grand et le petit pingouin sont courtes et semblables à des soies. L'aile n'est qu'un simple rudiment excessivement rigide, qui, élégamment tordue sur elle-même, agit comme une vis. Dans le vol aérien, le coup le plus effectif est donné en bas et en avant ; dans le vol sub-aquatique, le coup le plus effectif est donné en bas et en arrière. Dans le premier, les ailes ont une direction de plan incliné ascendant ; dans le second, la direction des ailes inclinées est descendante. Le poids est nécessaire au vol aérien et la légèreté au vol sub-aquatique.

On n'a pas encore déterminé par l'observation, si les ailes du poisson volant, les nageoires pectorales, agissent comme celles de l'oiseau ou comme parachutes. Beaucoup d'observateurs pensent que ces singulières créatures glissent sur le vent et ne frappent pas l'air à la manière des oiseaux. Il résulterait des études attentives de M. Pettigrew, qu'elles agissent comme de véritables ailerons. Leurs dimensions insuffisantes et leurs mouvements limités les empêchent seuls de soutenir le poisson-volant pendant un temps voulu et indéfini. Le poisson-volant meut ses ailes jusqu'à ce qu'elles fassent un angle de 30° avec l'horizon. C'est l'angle que font les ailes des insectes et de l'oiseau pendant le coup descendant. Les ailes du poisson-volant agissent comme un cerf-volant, dont l'angle d'inclinaison varie. Mais la position et les attaches de la nageoire l'empêchent de descendre au-dessous du niveau du corps du poisson ; aussi avait-il été généralement admis que le poisson-volant ne bat pas des ailes, organes tout passifs. Il s'élève cependant à 7 mètres et parcourt 180 mètres. M. Swaison admet que le poisson-volant peut agir comme le planer de l'hirondelle. Il n'y a pas, dit M. Lord, de spectacle plus enchanteur que la vue d'une troupe de poissons-volants, quand ils s'élancent de l'onde vert-foncé en une masse étincelante, comme les oiseaux d'argent de quelque joyeux conte de fées, rayonnant de lumière à la clarté du soleil et venant parfois toucher à peine la crète de la vague élevée, pour voltiger encore ranimés et rafraîchis.

Pour satisfaire aux conditions imposées par le milieu dans lequel ils doivent se mouvoir, les insectes et les oiseaux sont munis de surfaces étendues, qu'ils peuvent appliquer avec une puissance et une vélocité singulières, comme leviers du troisième genre, sous des angles variables et par des mouvements alternativement lents ou soudains pour obtenir le degré nécessaire de résistance. Un tel levier est très-convenable à l'air élastique et flexible. Cette disposition assure que la grande quantité d'air chassé nécessaire à la propulsion et au soutien sera comprimée dans les circonstances les plus favorables. La puissance du vol varie avec la longueur des ailes. La libellule se fixe en l'air à la manière de l'émouchet et de l'oiseau-mouche. Le vol de l'albatros est remarquable : il plane des heures entières avec une insouciance apparente et daigne rarement remuer ses immenses ailes, qui rayonnent de chaque côté de son corps, dans l'espace, comme des rubans ayant parfois 2,10 mètres de longueur.

Quand l'aile descend, a établi M. Pettigrew, elle élève le corps; puis le corps descend et élève l'aile. La surface supérieure ou dorsale agit plus spécialement sur l'air pendant le coup ascendant, et la surface inférieure ou ventrale pendant le coup descendant. L'aile, en effet, tourne autour de sa marge antérieure et fait graduellement un angle croissant avec l'horizon. La marge postérieure descend au-dessous de l'antérieure. Pendant le coup ascendant, il s'opère une rotation semblable, mais inverse. De plus, l'aile tourne sur son grand axe à la manière d'une vis et décrit une courbe en forme de 8, dont la moitié est décrite pendant l'ascension, l'autre pendant la descente. Pendant le coup ascendant, l'oiseau étant en mouvement, les deux surfaces de l'aile agissent à la fois. Pendant le coup descendant, la surface inférieure seule agit. L'efficacité de l'aile est grandement accrue par ce fait que, quand elle monte, elle entraîne après elle un courant d'air, qui, rencontré par elle dans la descente, augmente l'énergie du coup descendant. De même pour la descente. M. Pettigrew appelle ces courants induits et dit que leur effet sur l'aile est ce qu'une forte brise d'automne est au cerf-volant de l'enfant. L'aile crée des courants et vole réellement sur le tourbillon qu'elle a formé. L'expérience a montré à M. Pettigrew que quand une aile vibre verticalement, elle produit une traction horizontale; quand elle vibre horizontalement, elle produit une traction verticale. La chute verticale d'un corps armé d'ailes produit une traction oblique.

Le poids a une action directe sur les ailes. Il ajoute à la force vive de l'animal volant et ne régularise pas seulement le vol, mais permet aussi des instants de repos relatif sinon absolu. Il contribue au vol horizontal. L'animal volant ne fait apparemment que l'effort de tourner les ailes en avant contre le vent pendant l'extension et la flexion. Le poids fait le reste. La locomotion aérienne est incomparablement la plus facile et la plus gracieuse.

Le vol de l'alouette et du faucon chasseur est comparativement bref. Le corps est exclusivement soutenu par l'action des ailes. — Les cellules à air ne contribuent en rien au vol. On ignore leur but et leur fonction. En 1774 cependant, John Hunter émit l'opinion qu'elles étaient des accessoires des poumons. M. Drosier de Cambridge partage cette opinion.

L'aile de l'insecte est, règle générale, très-longue et très-étroite. C'est qu'en effet un mouvement de rotation à la base donne une vitesse très-limitée, tandis qu'il donne un mouvement très-rapide vers l'extrémité. L'aile de l'insecte, comme celle de l'oiseau est courbée, flexible et élastique. Comme chez l'oiseau, dont la position du poignet est sans cesse variable, l'extrémité de l'aile décrit une ellipse. — On comprend difficilement comment les êtres volants se maintiennent en équilibre quand les ailes sont au-dessous du corps. Il suffit de remarquer que l'espace parcouru par l'aile dans ses vibrations, est, à cause de la vitesse, entièrement occupé par l'aile. De plus l'articulation de l'aile est universelle et permet à l'oiseau de se soutenir comme une boussole marine par sa double suspension. Le corps de l'oiseau est au centre de l'aire circulaire ou conique décrite par l'aile. — On dit que l'aile de la mouche à viande fait 300 coups par seconde, 18,000 par minute. M. Pettigrew pense que le nombre des contractions faites par les muscles thoraciques des insectes a été grandement exagéré. Quoiqu'il en soit, la grande vitesse constatée de l'aile est un fait d'une grande importance. Le cygne en volant produit un fort sifflement ; le faisan, la perdrix et le coq de bruyère, un raclement aigu, comme une meule d'aiguiseur. Mais le son ne peut pas indiquer les vibrations de l'aile, vu la différence de longueur des ailes chez les volatiles. Il n'est du reste pas toujours dû seulement aux ailes. Si l'on enlève une partie de la marge postérieure de l'aile d'un insecte bourdonnant, comme la guêpe, l'abeille, la mouche bleue, la note produite est d'un diapason plus élevé. La raison en est dans la plus grande vitesse que prennent les ailes pour maintenir le vol. Les insectes et oiseaux à vol lent ne produisent aucun son. La vitesse paraît causer le son, dû spécialement à la marge postérieure, qui, en partie enlevée, modifie la note. — La surface des ailes peut varier considérablement. Le vol reste possible entre des limites fort éloignées. Le papillon a de grandes ailes et un corps léger ; de même le héron. Le phalène, le sphinx, le goliath, le grèbe, la caille et la perdrix, ont le corps lourd et les ailes peu étendues. Ce fait a son explication dans la vitesse variable dont ils animent les ailes. Le problème du vol, selon M. Pettigrew, se résoud en un autre, de poids, de puissance, de vitesse et de surface. L'être volant doit s'insinuer dans l'air comme le nageur dans l'eau. Il doit agir contre la pesanteur, s'élever, se porter en avant, aux dépens de l'air et de la force qui réside en lui. On trouve parfois que le corps augmente, tandis que les ailes diminuent. M. Pettigrew affirme, après ces considérations, qu'aucun bien pratique ne peut résulter pour l'aérostation des mesures précises des ailes et du tronc des êtres volants. On peut en effet diminuer les ailes sans détruire chez eux la faculté de voler. Il résulte de nombreuses expériences de M. Pettigrew qu'on peut prendre de grandes libertés avec le bord postérieur mince de l'aile. Dans ce sens, les dimensions peuvent être matériellement diminuées sans détruire ou même diminuer d'un degré appréciable la faculté du vol. Georges Caylay et Wenham avaient déjà trouvé que la puissance élévatrice appartient au bord antérieur. La courbure en avant de la marge postérieure de l'aile pendant le coup descendant n'est pas nécessaire au vol. Les plumes peuvent être séparées l'une de l'autre sans détruire l'utilité de l'aile. Chez les corbeaux, du reste, et chez d'autres oiseaux, les plumes primaires ont leurs extrémités notablement écartées. Il en est particulièrement ainsi chez l'alucita hexadactyla.

Néanmoins, l'aile est plus forte quand les ailes se recouvrent. L'aile peut donc être rognée postérieurement dans le sens de son grand axe. Mais un certain degré de torsion ou de flexion est toujours nécessaire au vol. D'après M. de Lucy, il existe cette loi générale que plus l'animal est grand, plus, proportions gardées, ses surfaces volantes sont petites. Cette loi est très-encourageante en ce qui concerne le vol artificiel. Les échassiers, à surfaces alaires réduites, entreprennent les voyages de plus longue durée et les plus lointains. Ils s'élèvent haut et se maintiennent longtemps. L'aile est courte, large, convexe et arrondie chez la grive, longue, large et pointue chez la plupart des pigeons. Chez le faucon pèlerin, elle est aiguë et la deuxième plume est plus longue que la première. Elle est plus aiguë encore chez les hirondelles, dont la première plume est très-longue, tandis que les suivantes diminuent rapidement. Macgillivray l'a constaté. Les éperviers ont été classés en nobles et en ignobles suivant la longueur et l'acuité de leurs ailes. F. H. Salvin et W. Brodrick ont observé que les faucons ou éperviers à longues ailes se distinguent de ceux à courtes ailes par la manière de fondre sur leur proie et seulement par la longueur des trois premières plumes. — Les ailes varient considérablement, quant à leur aspect général : quelques-unes sont arquées en forme de faux, d'autres oblongues, d'autres arrondies ou circulaires, d'autres lancéolées, d'autres enfin linéaires. Cependant elles sont construites sur un type commun. Elles sont généralement de forme triangulaire et tordues dans la direction de leur longueur pour former une hélice ou une vis. Elles sont convexes en-dessus, concaves en-dessous, diversement flexibles et élastiques en tous points. L'élasticité est la plus grande à l'extrémité et postérieurement. Elles sont mobiles en tous sens. Le principal effort requis pour le vol est dans l'extension au commencement du coup descendant. Des ligaments élastiques assurent à l'aile des moments de repos. C'est par l'obliquité des surfaces alaires que s'obtient le point d'appui. La réaction de l'air aide à produire cette obliquité. La forme en spirale de l'aile est, dit M. Pettigrew, le trait fondamental et caractéristique du vol. Il s'étonne de ce qu'elle a échappé si longtemps à l'observation. Les plumes rémiges sont toutes tordues en spirale. En fait, chacune est équivalente, morphologiquement parlant, à une aile entière d'insecte. L'aile présente une apparence ondulée en longueur, en largeur et obliquement. Les courbures sont remarquables par leur apparente simplicité et la finesse de leurs détails. L'aile est capable de changer de forme en toutes ses parties. Dans une révolution, elle est mue d'abord de dedans en dehors et de haut en bas, et puis de dehors en dedans et de bas en haut. L'air ainsi agité produit sur le corps du volatile deux pulsations, l'une verticale et l'autre horizontale. L'aile a deux axes de rotation, l'un suivant sa longueur et l'autre transversal. L'aile vibre plus en-dessous du corps qu'au dessus : c'est nécessaire pour l'élévation. La partie postérieure vibre plus en dessous de l'antérieure qu'au dessus : c'est nécessaire pour la progression. L'aile est en tout temps parfaitement soumise au contrôle de la volonté. L'oiseau peut l'amener avec intelligence, obéir aux mouvements commandés par l'instinct, saisir un courant favorable, en éviter un autre et en créer un troisième. L'oiseau tout entier est la personnification de la vie et de la puissance. Il a sous son contrôle, ses ailes, son corps et l'air. Quand elle s'élève et s'abaisse, l'aile se meut en avant. Elle est spécialement construite pour agir sur les points d'un appui flexible. La torsion de l'aile est un acte en partie vital et en partie mécanique. L'extrémité de l'aile forme un plan incliné en haut, en avant et en dedans. L'angle d'inclinaison à chaque partie de l'aile croît comme sa vitesse. Cela rend l'aile mécaniquement parfaite. L'air mis en mouvement par une partie est saisi et utilisé par une autre. L'aile force l'air à sortir en arrière et en dehors. De cette manière, le faucon peut se fixer en l'air. Le corps et les ailes se meuvent selon des courbes opposées. La mouche à viande, privée de pattes, peut s'élever d'une surface plane. Quelques oiseaux sautent d'un lieu élevé et profitent de l'action passive de leur masse. M. Pettigrew n'a jamais pu découvrir de pression communiquée à la main, quand l'insecte va la quitter. Ils ne sautent donc pas. Les abeilles s'élèvent au-dessus des surfaces flexibles, sans leur communiquer de mouvement. Les élytres des insectes sont souvent employées comme soutiens et comme glisseurs dans le vol. Quand on les supprime, la faculté de voler est souvent détruite. Cependant les ailes postérieures des insectes agissent plus particulièrement comme élévateurs et propulseurs. Les élytres sont tordues sur elles-mêmes comme les ailes des oiseaux et de la chauve-souris, chez qui elles sont concaves-convexes et tordues en vis. Le plus grand angle fait par l'aile avec l'horizon est de 30° pendant le vol. La flexibilité varie dans l'aile en sens inverse de la longueur. La flexion est plus grande quand l'oiseau s'élève que lorsqu'il avance horizontalement. En général, aucune flexion n'a lieu chez les insectes durant le vol. — La grande différence entre les voiliers et ceux qui ne planent pas se résume en ceci : chez les oiseaux voiliers, l'aile est mue à l'épaule, roule sur le vent et s'en retire à volonté. Chez les autres oiseaux, le mouvement en spirale se propage le long du bras. Chez les insectes, les muscles moteurs de l'aile sont disposés en forme de croix. De cette disposition paraît dépendre leur grande vitesse, le mâle du ver à soie fait, dit-on, plus de 160 kilomètres par jour. La mouche commune peut dépasser le cheval de course le plus rapide. Il n'est pas rare de voir des insectes s'efforcer d'entrer par la fenêtre dans un wagon emporté à toute vitesse. Un insecte aussi grand qu'un cheval irait plus vite qu'un boulet de canon. M. Pettigrew rapporte que cela a été calculé. Le boulet de canon parcourt 400 mètres à la seconde. Leenwenhoeck a observé une libellule volant avec une vitesse incroyable.

Elle tournait avec tant d'adresse qu'une hirondelle, malgré tous ses efforts, échoua complètement et ne put non-seulement s'en emparer, mais l'atteindre. — Les appareils musculo-élastiques augmentent avec la fréquence des battements de l'aile. La puissance de l'aile dépend de sa longueur et de celle des plumes primaires. L'aile tronquée ou arrondie est ordinairement associée à un corps lourd. Il en est ainsi pour la grive, la caille, le plongeon et le grèbe. Ces oiseaux font de grandes courbes, volent en ligne droite, tournent difficilement, s'élèvent péniblement, reviennent à terre un peu maladroitement. Mais leur vol est parfait quand il dure. Le colibri a une aile relativement grande et un mouvement très-accéléré. Le nombre d'oscillations s'accroît en proportion du poids à élever et en sens inverse des surfaces alaires.

M. Pettigrew estime que le coup effectif dans le vol est frappé en bas et en avant. Il rapporte les opinions opposées : selon Macgillivray, le coup efficace est donné en dehors, en bas et en arrière. Le duc d'Argyle pense de même. Selon Owen, l'aile frappe en bas et en arrière. Quant à E. Liais, l'aile descendue serait à la fois plus en arrière et plus bas qu'au commencement. M. Pettigrew dit que ces mouvements abaisseraient le corps d'après la théorie des plans inclinés, tandis que l'aile agit comme élévateur, propulseur et support, à la fois, pendant l'extension et la flexion. Il pense aussi que par une judicieuse torsion ou action en hélice des ailes, les voiliers peuvent augmenter leur vitesse acquise en profitant des courants aériens sans battre l'air. Dans le vol horizontal, l'oiseau fait avec l'horizon un léger angle, qu'il augmente s'il veut monter. S'il veut descendre, il fait un angle au-dessous de l'horizon, les ailes ayant la face inférieure en arrière. L'aile frappe l'air sous un angle qui varie de 15 à 30 degrés. En augmentant cet angle, le pigeon culbutant peut faire une cabriole en l'air. Pour tourner, l'oiseau incline latéralement son corps. L'orfraie et le fou se précipitent de hauteurs incroyables et tombent dans l'eau avec la rapidité d'un météorite. L'alouette descend verticalement la tête dirigée en bas.

M. Pettigrew termine ses études sur le vol naturel par ces paroles, qui marquent la puissance et l'aisance du vol chez deux princes de la tribu ailée : « Le gigantesque condor des Andes s'élève par sa souveraine
» volonté à des hauteurs où aucun bruit ne s'entend plus, sauf le son
» aérien de ses vastes ailes. Là, d'un point invisible, il relève, dans une
» solitaire grandeur, l'immense étendue des plaines et des prairies. —
» L'aigle chauve, nullement épouvanté du fracas et de l'indescriptible
» confusion de la reine des cataractes, l'effroyable Niagara, se pose
» avec calme sur son aire vertigineuse, jusqu'à ce que son penchant ou
» son caprice le fasse plonger au milieu, ou, s'élever au-dessus du
» brouillard humide et sans forme, qui, de tous côtés, s'élève perpé-
» tuellement des eaux frémissantes de la chaudière inférieure. »

Vol observé par M. J. Marey,

Professeur au Collége de France, Membre de l'Académie de médecine.

La méthode employée par M. Marey est une méthode tout à fait scientifique et non pas de pure et simple observation ou expérimentation, comme celle de ses devanciers et de M. Pettigrew. Elle consiste à écrire le phénomène observé et à l'interpréter d'après les signes fournis par des appareils autographiques. Cette méthode admirable met le savant à l'abri de toute erreur d'observation et permet à la lente et grossière activité de nos sens et de nos pensées d'aborder les phénomènes dont l'observation nous serait, sans elle, impossible, vu la vitesse, la délicatesse et l'extrême faiblesse des actions parfois cachées auxquelles ils sont dus. M. Marey en est le père par adoption ; il l'a élevée et il lui a donné un rang important dans la science contemporaine. Les appareils autographiques sont l'œuvre ingénieuse de M. Marey, qui les a décrits dans sa *Machine animale*. Par eux, il a pu aborder tous les problèmes de la vie et spécialement ceux de la locomotion aérienne. Je résume ici les résultats de ses travaux sur le vol naturel.

Dans la locomotion aérienne l'air fournit un point d'appui, qui cède à chaque instant, et ce n'est qu'en raison de la vitesse avec laquelle il est déplacé, que l'air résiste au choc de l'aile. Il faudra dans l'étude du vol connaître le mouvement de l'aile avec toutes les phases de sa vitesse, afin de pouvoir estimer la résistance que l'air présente à cet organe. M. Marey étudie donc le vol sous forme dè trois questions qu'il se pose. La première est relative à la fréquence des mouvements de l'aile ; la seconde aux positions successives de l'aile en mouvement ; la troisième au développement de la force, qui, dans le vol, soutient et transporte l'animal.

Chez les insectes, la fréquence des mouvements de l'aile varie suivant les espèces. L'oreille entend un son aigu pendant le vol des moustiques et de certaines mouches, un son grave pendant celui de l'abeille et du bourdon, un son plus grave encore quand volent les macroglosses et les sphinx. Le vol est silencieux chez d'autres lépidoptères, qui battent moins fréquemment des ailes. Mais le son ne saurait pas toujours donner une idée exacte de la fréquence des battements. La méthode graphique fournit une solution simple, facile et précise sur le nombre absolu des battements de l'aile, à un battement près par seconde. M. Marey a pu constater par cette méthode que l'aile du bourdon exécutait 240 à 260 vibrations complètes par seconde. Dans les meilleures conditions, ce chiffre s'est élevé jusqu'à 281, 305 et 321. L'acroissement de l'amplitude

des mouvements de l'aile en diminue le nombre. M. Marey a dressé
le tableau suivant :

Mouches communes	330	vibrations par seconde.
Bourdon	240	*id.*
Abeille	190	*id.*
Guêpe	110	*id.*
Macroglosse du caille-lait	72	*id.*
Libellule	28	*id.*
Papillon (Piéride des choux)	9	*id.*

Les deux ailes agissent synchroniquement et toutes deux exécutent le
même nombre de mouvements. De plus, il y a entre les deux ailes une
solidarité naturelle, que la guêpe, récemment tuée, permet de très-bien
constater en ouvrant ou en élevant l'une. Cette solidarité n'est pas
nécessaire, et l'observation nous montre dans le vol captif quelques
insectes pouvant mouvoir différemment les deux ailes en même temps.
La mouche carnassière fournit un exemple de la périodicité régulière
des battements. Une méthode optique montre que la pointe de l'aile de
l'insecte décrit un 8 de chiffre très-allongé. Parfois même l'aile semble
se mouvoir dans un plan, puis, l'instant suivant, on voit s'ouvrir
davantage les boucles terminales, qui forment le 8. Quand cette ouverture
devient plus large, c'est ordinairement la boucle inférieure qui s'accroît
et la supérieure qui diminue. Enfin, par une ouverture plus large encore,
la figure se transforme quelquefois en une ellipse irrégulière, à l'extrémité de laquelle M. Marey a cru reconnaître un vestige de la seconde
boucle.

Le plan de l'aile change d'inclinaison par rapport à l'axe du corps de
l'insecte pendant les mouvements alternatifs du vol. La face supérieure
regarde un peu en arrière pendant l'ascension et un peu en avant
pendant la descente. Pour M. Marey ce fait est d'une grande importance ;
c'est en lui que semble résider la cause prochaine de la force motrice,
qui déplace le corps de l'animal. L'aile laisse des espaces vides en forme
d'entonnoir. Un point important à remarquer, dit M. Marey, c'est que
les changements de plan n'existent que dans les grands mouvements de
l'aile. Dans quel sens se fait le parcours de l'aile en forme de 8 ?
M. Marey répond à cette interrogation en répétant que la face supérieure
regarde un peu en avant, l'aile descendant, est un peu en arrière, l'aile
montant. Il contredit M. Pettigrew sur ce point. — L'organisation
musculaire de l'insecte ne révèle que des muscles abaisseurs et élévateurs, qui ne peuvent pas commander tous les mouvements observés.
Il suffit donc d'un va-et-vient alternatif imprimé par les muscles pour
entraîner avec la résistance de l'air tous ces mouvements. Une aile
d'insecte, arrachée, fixée et soumise à un courant d'air, s'incline d'autant
plus que le courant est plus fort. La nervure antérieure résiste ; la
membrane postérieure fléchit en arrière. — D'après Félix Plateau, chez

certains insectes l'air résiste plus au courant de bas en haut qu'à celui de haut en bas. Il en est de même que l'air soit calme et l'aile mue, rapidement. Un plan incliné qui frappe l'air tend à se mouvoir dans le sens de sa propre inclinaison. L'aile se porte derrière en avant et cette déviation produit une flexion légère de la nervure elle-même. Ainsi sont engendrés tous les mouvements que l'observation révèle.

Comme la fusée, l'insecte est propulsé en sens inverse de la soufflerie que produit le mouvement des ailes. Il est poussé en avant aussi bien quand l'aile s'élève que lorsqu'elle descend. Ce sont des mouvements analogues à ceux de la godille qui détermine le vol. Quand un hyménoptère volant à toute vitesse, s'arrête sur une fleur, il porte fortement le plan d'oscillation en arrière. Les diptères ont leur plan d'oscillation très-voisin de l'horizontalité. Les hyménoptères se meuvent dans un plan d'oscillation élevé de près de 45°. Les lépidoptères battent des ailes presque verticalement à la manière des oiseaux. La résistance de l'air a deux effets de soulever et de diriger l'insecte. La force qui le soutient est plus considérable que celle qui le dirige. Aussi, lorsqu'un insecte plane sur une fleur, le plan d'oscillation est presque horizontal. Si par un enduit on arrive à rendre rigide le bord flexide de l'aile, le vol est aboli. On le suspend de même si l'on détruit la rigidité de la nervure antérieure. Chez certaines espèces, deux paires d'ailes sont indispensables au vol. Dans ce cas, la pseudélytre remplace la nervure rigide du bord antérieur de l'aile unique.

Après ces considérations sur le vol des insectes, M. Marey passe à l'étude du vol des oiseaux. La résistance de l'air leur fournit, comme aux insectes, le point d'appui nécessaire à toute progression. D'après la façon dont s'imbriquent les pennes, il est sensible et évident que la résistance de l'air ne peut agir sur l'aile de l'oiseau que de bas en haut. En sens inverse l'air se créerait une issue facile en fléchissant les longues bardes des plumes qui ne sont plus soutenues. Prechlt a soigneusement décrit cette disposition. L'aile étendue d'un oiseau présente dans les différents points de sa longueur des changements de plan très-prononcés. Près du corps elle s'incline en bas et en arrière. Près de son extrémité elle est horizontale et parfois retournée, de sorte que sa face inférieure regarde un peu en arrière. Dans l'aile de l'oiseau, les muscles les plus développés sont ceux qui ont pour action d'étendre ou de fléchir la main sur l'avant-bras, celui-ci sur l'humérus et enfin de mouvoir l'humérus. Chez la plupart des oiseaux, surtout chez les grandes espèces, l'aile semble rester étendue pendant le vol. Les muscles extenseurs adaptent l'aile à la position favorable au vol et l'y maintiennent. Le travail moteur est rapporté aux muscles pectoraux qui abaissent l'aile avec force et rapidité. Les muscles pectoraux pèsent un sixième environ du poids total de l'oiseau. Cagnard-Latour admet que l'aile s'abaisse huit fois plus vite qu'elle ne se relève. L'expérience prouve au contraire que l'aile de l'oiseau remonte plus vite qu'elle ne descend. Les muscles des oiseaux ne semblent pas capables d'efforts plus énergiques que ceux des autres animaux. Chez la buse, le muscle pectoral est capable d'un effort de 12 kilog. 600 gr. par section d'un centimètre carré. Chez les mammifères, les muscles sont capables d'un effort plus considérable. Il est impossible d'admettre chez l'oiseau une puissance musculaire spéciale. La thermo-dynamique s'y oppose : un oiseau d'un seul vol parcourt au moins cinquante lieues et pèse à peine quelques grammes de moins qu'au départ. L'oiseau est, après l'insecte, celui dont l'action musculaire a donné les plus rapides mouvements. Cette rapidité est une condition indispensable du vol. Il ne servirait de rien à l'oiseau d'avoir des muscles énergiques, capables de produire un travail considérable, si ces muscles n'imprimaient à l'aile que des mouvements lents : faute de résistance, aucun travail ne serait produit. L'acte musculaire est bref chez le poisson ; il l'est beaucoup plus chez le volatile.

La forme des oiseaux les rend éminemment propres au vol. Ils remplissent les conditions de stabilité parfaite dans le milieu aérien Les ailes peuvent parfois agir comme un parachute, glisser sur l'air comme un plan incliné, s'élever de même, ou, restant immobiles, faire planer l'oiseau. L'attache des ailes se fait aux points du thorax les plus élevés. Tout le poids du corps se trouve placé au-dessous de la surface alaire. Dans le corps lui-même, les organes les plus légers, poumons et sacs aériens se trouvent en haut, la masse plus dense au-dessous ; les muscles thoraciques sont les plus lourds des organes et occupent pour cette raison le point inférieur du système animal. Ainsi, le centre de gravité est placé le plus bas possible au-dessous du point de suspension.

L'oiseau, qui descend, prend passivement une position analogue à celle du parachute abandonné dans l'espace. Animé d'une vitesse initiale horizontale, l'oiseau glisse obliquement sur l'air en descendant dans la plupart des cas. Le planement est un acte passif, mais soumis au contrôle de la volonté. L'oiseau suspend les battements d'ailes, glisse, descend, s'élève en vertu de la force vive précédemment acquise. Le planement descendant est celui qui présente la plus longue durée. La pesanteur dans ce cas ajoute son action à celle de la force vive emmagasinée. Dans ces conditions, l'oiseau fait de ses ailes comme un cerf-volant qu'il peut diriger. Il serait téméraire de condamner le vol à voile attendu que des oiseaux se soutiennent et se dirigent dans l'air sans autre force et autre cause apparente que le vent. Nier le vol à voile, c'est nier l'évidence, dit le comte d'Esterno. Il est démontré que si l'on compare des oiseaux d'espèces très-différentes et de poids égaux, on peut démontrer que les uns ont des ailes 2, 3 ou 4 fois plus étendues que celles des autres. Les oiseaux aux ailes offrant une grande surface se livrent ordinairement au vol plané : ils sont voiliers Ceux dont l'aile est courte et étroite sont plus ordinairement assujettis au vol ramé. Si l'on compare des rameurs et des voiliers de la même famille entre eux, on trouve un rapport assez constant entre les poids et les surfaces alaires. Il ressort des mesures de

M. de Lucy que les animaux de grande taille et de grand poids se soutiennent avec une surface d'aile beaucoup moindre que celle nécessaire au soutien des petits. Hartings a montré que l'on peut, dans la série des oiseaux, établir l'existence d'un certain rapport entre la surface des ailes et le poids du corps, en ne comparant que des éléments comparables, c'est-à-dire la longueur des ailes, la racine carrée de la surface et la racine cubique du poids, chez les différents oiseaux. Il est certain que deux oiseaux de même poids, de surfaces alaires inégales, trouveront dans l'air la même résistance, pourvu que ces surfaces soient différemment réparties. Le travail de l'oiseau est proportionnel à son poids, et les masses musculaires sont proportionnelles à ce poids. Les muscles pectoraux pèsent un cinquième du reste du corps.

M. Marey a dressé le tableau suivant :

Moineau	fait	13 révolutions par seconde avec son aile.
Canard sauvage	fait	9 —
Pigeon	fait	8 —
Busard	fait	5 3/4 —
Chouette effraie	fait	5 —
Buse	fait	3 —

M. Marey divise le mouvement de l'aile, comme il l'a fait pour la progression terrestre, en périodes d'appui et en périodes de relèvement. Quelques oiseaux présentent des temps d'arrêt. La fréquence des battements varie suivant que l'oiseau est au départ, en plein vol, ou à la fin de son vol. La durée d'abaissement de l'aile est plus longue en général que celle de l'élévation. L'inégalité se remarque surtout chez les oiseaux dont les ailes sont à grandes surfaces. Chez le canard aux ailes très-étroites elles sont presque égales ; elles sont inégales chez le pigeon et plus encore chez la buse. Voici le tableau que M. Marey a dressé :

Le canard fait 1 révolution en 11 2/3 centièmes de seconde, dont 5 pour l'ascension et 6 2/3 pour la descente.

Le pigeon fait 1 révolution en 12 1/2 centièmes de seconde, dont 4 pour l'ascension et 8 1/2 pour la descente.

La buse fait 1 révolution en 32 1/2 centièmes de seconde, dont 12 1/2 pour l'ascension et 20 pour la descente.

Les battements de l'aile de l'oiseau diffèrent d'amplitude et de fréquence dans les différents instants du vol. Au départ les battements sont un peu plus rares, mais beaucoup plus énergiques. Ils atteignent bientôt un rhythme régulier, qu'ils perdent au moment où ils vont se reposer. Le mouvement de l'aile pendant le vol ne consiste pas seulement en élévations et en abaissements alternatifs. Il suffit de regarder un oiseau qui passe en volant au-dessus de notre tête, pour constater que l'aile se porte aussi d'avant en arrière à chaque battement. De ce double mouvement résulte une courbe fermée. Les oiseaux des différentes espèces décrivent avec l'extrémité de leurs ailes une trajectoire elliptique. Le comte d'Esterno avait soupçonné cette trajectoire, mais l'avait mal figurée, ayant dirigé son grand axe en bas et en arrière. L'os de l'aile décrit une sorte d'ellipse irrégulière, à grand axe incliné en bas et en avant. La détermination de cette courbe est d'une très-grande importance. — La structure de l'aile de l'oiseau ne permet pas d'admettre l'existence d'un mécanisme semblable à celui de l'insecte. Pendant l'ascension, l'aile ne présente pas à l'air un plan résistant, à cause de l'imbrication des pennes, qui s'ouvriraient pour lui laisser passage. La phase d'abaissement est donc la seule où le vol de l'oiseau présente des conditions analogues à celles du vol de l'insecte. La courbe décrite par la pointe de l'aile de l'oiseau diffère assez de celle que parcourt l'aile de l'insecte pour conclure à des conditions mécaniques bien différentes. — L'axe du corps de l'oiseau, qui vole, semble incliné de façon que le bec de l'oiseau regarde un peu en haut. L'aile dans l'ascension prend la position inclinée, qui lui permet de couper l'air avec le minimum de résistance. Dans la descente l'aile se renverse : sa face inférieure regarde en bas et un peu en arrière. C'est ainsi que l'oiseau se soutient et progresse. L'inclinaison de l'aile est graduelle aux différentes phases de ses mouvements alternatifs. Au moment où la vitesse d'abaissement atteint son maximum, l'on voit le bord postérieur de l'aile se relever le plus fortement. Arrivée à la fin de sa course descendante, l'aile change de plan d'une manière subite. La résistance de l'air cesse en effet en ce moment, et l'élasticité ramène les plumes à leur position ordinaire. Le système musculaire chez l'oiseau ne rend pas compte, pas plus que chez l'insecte, de la trajectoire ellipsoïdale de l'aile. Elle est due à la résistance de l'air. L'observation du vol chez le pigeon, le canard, la buse, le busard et la chouette, montre qu'il existe des types très-variés de vol, au point de vue de l'intensité des oscillations dans le plan vertical. Leur fréquence et leur amplitude varient beaucoup suivant l'espèce d'oiseau qu'on étudie. Le vol de la buse présente, mais à un moindre degré que le canard, une sorte de progression ascendante, qui accompagne la remontée de l'aile. La phase d'abaissement de l'aile produit à la fois l'élévation de l'oiseau et l'accélération de sa vitesse horizontale. Quant à la phase de remontée, on constate une légère ascension du corps de l'oiseau, mais sa vitesse diminue. Le coup descendant de l'aile crée la force, cause du soutien de la progression et des deux oscillations verticales du corps. Dans le vol l'animal est soumis à chaque révolution d'aile, à deux montées suivies de deux descentes. Elles sont inégales, l'une répond à l'abaissement, l'autre à l'élévation de l'aile. La seconde montée de l'oiseau est faite aux dépens de sa vitesse acquise.

Après Borelli, M. Marey répète que l'aile agit sur l'air comme un coin ; pour lui l'aile est un plan incliné. — Dans le vol libre, l'axe du corps de l'oiseau est horizontal, sinon relevé de l'avant. L'aile présente probablement toujours à l'air sa face inférieure, la seule qui puisse trouver en lui un point d'appui. Les réactions de l'aile sur le corps sont

2

fortes et brusques chez les oiseaux à petites surfaces alaires. Elles sont plus longues et plus douces chez les oiseaux taillés pour le planement. La réaction de la remontée de l'aile disparaît presque chez ces derniers. — L'homme comme l'oiseau se soulève en empruntant le travail nécessaire à la force vive qu'il a acquise par ses efforts musculaires.

M. Marey exécute actuellement des expériences sur la résistance de l'air, qui, une fois connue, permettra d'évaluer le travail de l'oiseau dans le vol. L'aile est tour à tour un organe passif, qui glisse sur l'air, et un organe actif qui percute ce fluide. L'aile de l'insecte est essentiellement active. La moitié interne dépourvue de la vitesse suffisante, doit dans l'aile de l'oiseau, être considérée comme une partie passive. La moitié externe de l'aile est la partie active. Cette division de l'aile en parties active et passive, n'est pas particulière à M. Marey, qui termine son étude sur le vol par la fixation, d'après sa méthode graphique, de la durée de la secousse, qui résulte de l'excitation musculaire. Sa durée est très-brève en général ; elle est la plus brève chez l'oiseau : tandis que chez l'homme elle est de 8 à 10 centièmes de seconde, elle n'est que de 2 à 3 centièmes de seconde chez l'oiseau. Il est à remarquer que toutes les mesures et les nombres fournis par M. Marey sont d'une extrême précision, dont on ne peut se faire une juste idée que par la lecture de sa *Machine animale.*

Nouvelle théorie générale du vol naturel.

Une foule de théories ont été émises sur le vol des insectes et des oiseaux. Les principes mécaniques et physiques qui ont servi de fondement sont nombreux, ce sont : le principe de la réaction, la compressibilité et l'élasticité de l'air, la quantité d'air chassé égale au poids de l'oiseau, la convexité et la concavité des ailes, l'obliquité des axes de rotation des ailes, la chaleur animale, et la grande force relative attribuée aux oiseaux, les sacs aériens, le principe du plus lourd que l'air, la théorie du plan incliné ou du cerf-volant, le glissement, le vol à voiles, l'attaque oblique de l'air, la grande rapidité, la résistance de l'air, particulièrement des surfaces courbes à inclinaison variable, enfin, la flexibilité de l'aile. Ces théories ont été reconnues insuffisantes. Elles ne rendent pas compte de la vitesse de rotation de l'aile observée chez les volatiles, pas plus que des dimensions et des courbures des surfaces alaires. Toutefois, quelques-unes reposent sur des principes entrant dans l'ensemble des circonstances qui déterminent la loi du vol.

La résistance de l'air est la force qu'il importe le plus de bien connaître ; c'est à elle qu'est dû le soutien de l'oiseau dans l'espace. Elle est de plus, la cause efficiente de la progression aérienne. Il importe moins de connaître sa formule exacte ou son intensité que de déterminer sa nature. Elle est une action partielle de la pression atmosphérique, elle se rattache ainsi à l'attraction universelle, et n'est pas une force *sui generis* comme la chaleur, la lumière, l'affinité etc., etc. La mesure sur un plan quelconque est : $R = \mathrm{Sin}\ \alpha\ \mathrm{Sin}\ \beta\ S\ V^2\ \mu\ (1 + \varphi)$. Les valeurs de μ et φ varient avec la température, la pression atmosphérique et l'altitude ; α et β désignent les angles d'inclinaison du plan S sur le plan de direction et de leur intersection sur la vitesse. V^2 est le carré de la vitesse ; μ égale $\frac{1:29}{9,8088}$; φ égale le plus ordinairement 0,0041 et désigne le frottement de l'air entraîné sur l'air avoisinant. La résistance sur les surfaces courbes se ramène à celle sur un plan fictif ayant une vitesse et une inclinaison également fictives et en fonction des surfaces courbes données avec leurs position et vitesse.

Voici le tableau des pressions normales exercées sur 1 mètre carré par les vitesses de 1 mètre à 57 mètres, d'après la loi modifiée de Newton sur la résistance des milieux fluides. Voir : *Revue scientifique*, n° 14, année 1877 ; et le *Bulletin de la Société polymathique*, 1er semestre 1877.

VITESSE du courant atmosphérique.	PRESSION par mètre carré en kilogrammes.	VITESSE du courant atmosphérique.	PRESSION par mètre carré en kilogrammes.	VITESSE du courant atmosphérique.	PRESSION par mètre carré en kilogrammes.	VITESSE du courant atmosphérique.	PRESSION par mètre carré en kilogrammes.
1	0,13727	15	30,88575	29	115,44407	43	253,81225
2	0,54908	16	35,14112	30	123,54273	44	265,47118
3	1,23543	17	39,67102	31	131,91647	45	277,97175
4	2,19632	18	44,75483	32	140,56448	46	290,46333
5	3,43175	19	49,55447	33	149,48903	47	303,22943
6	4,94172	20	54,90788	34	158,68412	48	316,27008
7	6,72623	21	60,53607	35	168,15575	49	329,58527
8	8,78528	22	66,43868	36	177,90192	50	343,17425
9	11,11887	23	72,61583	37	187,92263	51	357,03931
10	13,72712	24	79,06752	38	198,21788	52	371,17901
11	16,60967	25	85,93102	39	208,78767	53	385,59144
12	19,76688	26	92,79452	40	219,63152	54	400,00479
13	23,19863	27	100,06983	41	230,75087	55	415,24182
14	26,90492	28	107,61968	42	242,14428	56	430,47872

De ce tableau ressort qu'on aurait théoriquement la pression P, pour une vitesse normale V', la pression étant P_0 à la vitesse V_0, en posant $P' = P_0 + 0,13727 (V' + V_0) (V' - V_0)$. Cette formule permet de passer rigoureusement des connues P_0, V_0 et V' à P', ou des connues P_0, V_0 et P' à la vitesse V'. — Mais le résultat le plus important ici de l'étude de la résistance de l'air est que cette force se confond avec la pression atmosphérique, dont elle n'est qu'une expression. Cette considération est la base de la nouvelle théorie du vol naturel.

M. de Lucy a fait les expériences suivantes : Un papillon étant fixé et faisant ses efforts pour voler, il présenta une bougie allumée à la partie antérieure du papillon vers la tête duquel la flamme s'inclina : l'air était aspiré ; puis il plaça la bougie dans les rayons recteurs de l'aile, la flamme ne s'inclina d'aucun côté suivant le rayon en dehors du volume décrit par l'aile : l'air n'était pas chassé latéralement. Enfin, la bougie, placée en arrière du papillon accusa des mouvements avec direction marquée en arrière. Ces expériences, répétées avec des oiseaux, ont donné les mêmes résultats. Ces faits contiennent la loi mécanique du vol. L'air, au moyen de l'aile, est chassé par la force vive de l'aile et aspiré de manière à diminuer l'action de la pression atmosphérique en avant, tandis qu'elle reste entière et s'augmente en arrière sur l'aile, dont le mouvement le plus apparent dans le vol est un mouvement de rotation et de sens alternatif.

La marge postérieure de l'aile est flexible autour de la marge antérieure, relativement rigide, et s'incline alternativement en sens inverse de la rotation. L'aile est d'un poli parfait d'avant en arrière et en dehors, elle est rugueuse au contraire d'arrière en arrière et en dehors. L'oiseau fait, par l'axe de son corps, un léger angle avec sa direction dans le vol, mais les axes de rotation des ailes font un plus grand angle, avec la même ligne, de plus, ils ne sont pas toujours parallèles, et, quand ils font un angle entre eux, l'ouverture en est dirigée vers la tête de l'oiseau.

La flexion de la partie postérieure de l'aile empêche l'air d'être aspiré en arrière comme en avant ; cette partie de l'aile forme la surface aéroductrice de l'oiseau. Par le seul jeu des ailes, l'équilibre aérien est rompu et la pression atmosphérique s'exerce en arrière sur l'aile et normalement au plan de rotation. La partie de l'aile employée à chasser l'air latéralement, est la partie antérieure et médiane de l'aile, c'est la partie active ; la partie postérieure reçoit l'action motrice : c'est la partie passive. Cette dernière partie forme un plan incliné, tantôt en haut, tantôt en bas, tandis que l'aile entière est une hélice appropriée au milieu aérien.

Le poids de l'oiseau opère la décomposition de la force motrice en deux forces dont l'une est de soutien et l'autre de propulsion, et dont les intensités dépendent de l'inclinaison variable des axes de rotation des ailes sur l'horizon. L'oiseau doit parcourir la projection horizontale de l'amplitude de rotation de l'aile en $\frac{5}{24\,n^2\,\pi}$ de seconde environ, quand elle est très-grande comme chez le pigeon. De là provient la nécessité pour l'oiseau de voler avec une vitesse déterminée mais variable, avec son inclinaison sur l'horizon.

La nature a pris pour fondement du vol, la pression atmosphérique et la mobilité de l'air ainsi que sa faible densité, se sont trouvées des circonstances favorables à l'accomplissement de son dessein. Car le travail considérable et facile de la force centrifuge se traduit par un travail équivalent de la pression atmosphérique sur le volatile qu'elle soutient et emporte. Telle est la loi générale mécanique et physique du vol. La nature, par une habile économie, y a ajouté dans beaucoup de cas, la réaction due au poids d'air chassé, d'abord par la convexité supérieure très-fréquente des ailes, et ensuite par l'obliquité des axes de rotation des ailes. La première, en effet, donne une réaction de soutien et la seconde, une réaction de propulsion.

Les lignes qui limitent la surface alaire ne sont pas arbitraires. Elles dépendent de la vitesse de l'aile, du poids de l'oiseau, de l'angle que fait la marge antérieure avec l'axe de rotation, de la grandeur et de la disposition de la partie passive de l'aile.

La marge antérieure étant donnée, la courbe due aux deux forces, pression atmosphérique et force centrifuge, donne la forme ventrale de l'aile, ou sa limite interne. La limite externe de l'aile est la série des points où les molécules d'air ont acquis la force vive nécessaire pour leur faire dépasser la limite hors de laquelle, la force centrifuge doit les amener dans un temps déterminé.

L'imbrication des pennes n'est pas nécessaire vers la partie postérieure, et l'absence partielle d'une faible surface alaire nuit peu au vol. La vitesse acquise fait, en effet, franchir à l'air les points ouverts et le remet sous l'influence de l'aile. Le corbeau, l'alucite hexadactyle et d'autres volatiles ont les extrémités postérieures de l'aile complètement séparées. M. Marey a donné de ce fait une fausse interprétation et a conclu à une grande différence entre le vol des insectes et celui des oiseaux. Contrairement à son opinion, l'aile de l'oiseau comme celle de l'insecte a constamment une action utile à la fois au soutien et à la progression.

L'augmentation des vibrations de l'aile peut suppléer à la surface alaire dans le sens de la hauteur. D'un côté, la faculté de voler est indépendante de la longueur de l'aile, et il est remarquable que l'observation ait constaté ce résultat théorique. Dans l'échelle des oiseaux, la masse augmente parfois, tandis que la longueur de l'aile diminue. Dans tous les cas, la surface alaire est à la masse comme sont les carrés et les cubes des dimensions d'un oiseau à l'autre.

Il reste à donner l'explication théorique des courbures que doit prendre dans le vol la surface alaire. Elles sont la somme des courbures naturelles de l'aile et des courbures mécaniquement dues à la flexibilité de l'aile et à la résistance de l'air dans le sens de la rotation.

Par l'effet de la résistance de l'air, le plan de l'aile s'incline en sens inverse de la rotation, et, chaque point, en raison du carré de sa distance à l'axe : c'est la première courbure. L'aile s'incline de haut en bas et en arrière d'après une courbe, qui dépend de la vitesse de rotation et de la pesanteur, de manière à ne pas gêner l'entrée de l'air, dans le volume décrit par l'aile : c'est la seconde courbure. La troisième courbure est due à la nécessité de maintenir l'air toujours soumis à l'influence de l'aile, tandis qu'il est dans le volume décrit par elle : ces courbures favorisent l'entrée de l'air et accélèrent sa sortie. L'aile qui vibre est une surface de triple courbure, dont les dimensions et les courbures sont susceptibles d'être mathématiquement exprimées. Plus rapide est le mouvement de rotation, moins sensibles sont les courbures et plus restreintes sont les surfaces alaires. Vers la région antéro-interne de l'aile, les courbures doivent, en effet, théoriquement être insensibles. Au contraire, un mouvement de rotation lent, une longueur et une hauteur considérables donneraient des courbures très-prononcées. Quand le nombre de tours est de 10 par seconde, la hauteur de l'aile active égale $0^m,1316$, et l'inclinaison variable de l'aile due à la seconde courbure est donnée par l'angle $2^o 24'$ fait par les extrémités postérieure et antérieure de l'aile avec l'axe de rotation; quand le nombre de tours est de 11,98 par seconde, la hauteur de l'aile active égale $0^m,1$, etc., etc.

Les calculs théoriques appliqués aux vibrations observées par M. Marey, et aux dimensions alaires chez la mouche commune, concordent avec les nombres déterminés, en remarquant avec M. Pettigrew, que son aile peut diminuer postérieurement des 2/3 sans perdre la faculté de voler et que M. Marey opérait sur une mouche fixée, et faisant par suite, tous les efforts dont elle était capable, comme dans le premier cas. Dans le vol libre, la mouche fait moins de 120 vibrations par seconde.

Cette théorie entièrement nouvelle confirme en certains points les théories anciennes fondées sur la résistance de l'air, la concavité des ailes, l'obliquité des axes de rotation, l'attaque oblique que l'air, le principe du plus lourd que l'air, la théorie du plan incliné, etc..., tandis qu'elle réfute celles fondées sur les sacs aériens, la grande force relative attribuée aux oiseaux, la compressibilité et l'élasticité de l'air, et les principes analogues.

La première partie de l'exposé ne contient pas la limite mathématique de la marge antérieure de l'aile. La détermination de cette limite est trop importante pour ne pas indiquer les causes théoriques auxquelles elle est due et pour ne pas dire quelle est sa forme et ses conséquences. L'air entre dans le volume décrit par l'aile suivant la surface d'une base de cylindre πR^2, et en sort suivant la surface latérale du cylindre $2\pi R H$. Ces surfaces d'entrée et de sortie doivent rester constamment égales dans tout le parcours de l'air à travers l'aile afin de maintenir en tous lieux l'équilibre constant des masses d'air formant le courant, créé par l'oiseau. De cette égalité, qui maintient uniformes la densité et la direction du courant, résulte pour H, une valeur variable et égale à $1/2 R$. D'un autre côté, H, nous l'avons vu, varie suivant une courbe donnée par les deux forces : pression atmosphérique et force centrifuge, agissant sur une molécule d'air. Telles sont les causes ou lois mathématiques qui limitent H en avant et en arrière, le long de l'aile, et limitent par suite la surface alaire dont H est un facteur. Le nombre des vibrations de l'aile, la masse du volatile et sa vitesse de translation ordinaire font varier d'un oiseau à l'autre, les dimensions de l'aile, et avec elles se modifie la forme apparente de la courbe qui limite la partie antérieure et qui va, d'avant en arrière et faiblement en dehors le long de l'humérus, d'arrière en avant et en dehors le long de l'avant-bras, et enfin d'avant en arrière et très en dehors le long de la main de l'oiseau jusqu'à sa rencontre avec la limite latérale. La marge antérieure est diversement inclinée sur l'axe de rotation et il s'ensuit une modification très-sensible de la limite postérieure conformément aux lois établies dans la première partie. Ces limites, fournies par la nouvelle théorie, coïncident avec les limites naturelles observées chez les oiseaux dont le vol ramé, doux et régulier, peut être considéré comme parfait.

Certains oiseaux et insectes peuvent se fixer dans les airs en faisant vibrer fortement leurs ailes. Ils étendent alors leurs ailes dans le plan des axes de rotation, de manière à en détruire en grande partie la flexibilité postérieure. Dans ces conditions les vibrations créent deux courants rapides et de sens opposés, qui fixent l'animal entre eux dans l'espace et soutiennent son faible poids, le corps faisant sur l'horizon un angle variable souvent considérable. Des mouches, les libellules, les oiseaux-mouches, etc., jouissent de ce privilège, dont l'explication qui précède n'est pas le seul moyen employé par la nature pour la réalisation d'un phénomène si curieux.

Nous savons que la surface active de l'aile suppose une surface passive, recevant l'action aéroductrice du milieu ambiant. Celle-ci peut être jointe avec celle-là et en être la continuation convenablement inclinée et diversement répandue à la partie postérieure de l'aile active. Ce cas est seulement en partie, conforme à la réalité. Elle peut être disjointe et juxtaposée en arrière : hyménoptères ; ou disjointe et en partie superposée : diploptères. Elle peut être en partie séparée de l'aile active et remplacée par les surfaces du corps et de la queue de l'oiseau. Enfin, l'aile active et la surface passive peuvent se confondre entre elles en parties plus au moins grandes. C'est le cas le plus fréquent. L'aile active crée alors deux courants d'air : l'un est antérieur, et grâce aux courbures de l'aile, l'air s'écoule dans le sens de la non-résistance de l'air, ayant pour tout travail une masse d'air à transporter en un temps défini, à une distance marquée ; tandis que l'autre courant est d'arrière en avant et en dehors, sens dans lequel les deux faces de l'aile sont rugueuses. Il a donc une action certaine sur l'aile, qui lui présente alternativement les deux faces de la manière la plus avantageuse à la propulsion et au soutien, par les mêmes courbures de l'aile active.

Dans le vol ramé, une aile étroite, inclinée et animée d'un rapide mouvement de rotation, propulse l'air d'avant en arrière et très-peu latéralement. Cette prévision théorique se trouve vérifiée par diverses observations et par plusieurs expérimentateurs, entre autres, M^r. A. Pénaud observant le vol du sphinx et expérimentant avec un hélicoptère de petites dimensions.

L'aile décrite théoriquement jusqu'ici est-elle l'aile générale? Non. Car l'accélération que donne à l'air la pression atmosphérique, force à peu près constante dans un temps très-court, nécessite la translation de l'oiseau d'un lieu dans un autre en un temps déterminé, souvent trop rapidement écoulé, malgré la faculté de diminuer sa vitesse en variant l'inclinaison de son angle sur l'horizon. L'accélération de l'air aurait ainsi une influence fâcheuse sur l'acte du vol, si la nature n'avait pas pris soin de remédier à cet inconvénient. Elle est équivalente à une force connue et mesurée. Cette circonstance permet de suivre la modification alaire que l'accélération a naturellement entraînée chez les volatiles ; modification qui a pu porter sur h, hauteur de l'aile et n, nombre des vibrations par seconde, et qui sûrement a une influence sur les courbures de l'aile dans tous les cas. Si donc l'on veut déterminer par le calcul, la surface alaire et les courbures théoriques d'une aile générale, il faut ajouter l'accélération à la pression atmosphérique. La nature a atteint le même but chez des insectes par un moyen détourné, par les élytres, dont elle a multiplié les fonctions. La fonction de l'élytre, relative au vol, consiste suivant la nouvelle théorie à détruire l'effet prévu de l'accélération due à la pression atmosphérique, en prenant l'air obliquement et même latéralement en avant. Elle est un auxiliaire quelquefois indispensable à la faculté même du vol, mais dans tous les cas indispensable à la lutte pour l'existence, pour laquelle un vol plus lent et facile est une condition très-favorable dans un grand nombre de cas.

Telle est l'aile générale dans ses détails, suivant la nouvelle théorie générale du vol naturel. Ses qualités physiques, sa forme, sa surface, ses courbures, ses limites antérieure, postérieure et latérale, sa rapidité de rotation, ses inclinaisons sur l'axe du corps et sur l'horizon, sont définies, mesurées, expliquées et se trouvent conformes à la plupart des cas observés et rangés sous la dénomination de vol ramé ou à vibrations. L'aile, ainsi décrite théoriquement et abstraction faite des qualités secondaires et sans relation avec sa fonction, est la meilleure description qu'aurait jamais pu donner d'une aile naturelle l'observateur le plus exact, le plus minutieux et le plus judicieux. Cette théorie trouvera une nouvelle confirmation dans l'analyse et la discussion des groupes de phénomènes de vol classés sous le nom de vol à voiles, et dont l'explication terminera cette communication.

Des oiseaux se jouent dans les airs sans la moindre fatigue apparente, montent, descendent, changent l'allure ou la direction de leur course par une légère variation de leur inclinaison sur l'horizon ; ils s'élèvent enfin à perte de vue sans donner un seul coup d'aile. C'est le vol à voiles. Il est pratiqué plus ou moins, par les buses, les crécerelles, les corbeaux, les goëlands, les martinets, les vautours, les aigles, les milans, les marabouts, les grues, les pélicans, les accipitres des Alpes, le condor des Andes, l'urubu de la Plata, la frégate, les fous du roc de Bass, etc., etc. Mais l'albatros est le triomphe du vol à voiles, qu'il révèle dans toute sa magnificence. Les observateurs du vol à voiles sont très-nombreux ; parmi eux se trouvent : Levaillant, Huber, Audubon, de Humboldt, Gould, Darwin, Wenham, de Tessan, Motard, Quoy, Gaimard, Macgillivray, Pettigrew, comte d'Esterno, etc., etc. Ils sont unanimes à constater la continuité et la facilité avec laquelle les voiliers parcourent les airs pendant des heures entières, sans agiter les ailes.

Pour expliquer ce phénomène, des personnes ont pensé que l'oiseau pourrait transformer en hauteur, la vitesse d'un courant horizontal en présentant l'aile au vent, suivant un plan incliné et sous des angles variés. M. A. Pénaud dit de leur hypothèse, que c'est admettre le mouvement perpétuel, et M. d'Esterno l'a seulement présentée comme une explication conjecturale d'un fait certain, que du fond du cabinet, d'autres ont nié. D'Esterno répond que nier le vol à voiles, c'est nier l'évidence. M. A. Pénaud, trouve ridicules ces négateurs. Le paragraphe précédent détruit leur négation. Passons.

Le vol à voiles, peut-il s'expliquer par la théorie des petites vibrations, qui sont capables de soutenir un nageur dans l'eau, de créer un courant d'air par le jeu d'un éventail, et qui suffisent à la godille, pour faire avancer un bateau ? Quelques personnes l'ont soutenu ; et il est certain que dans beaucoup de cas, les vibrations du vol ramé peuvent continuer leur action en diminuant considérablement d'amplitude. Toutefois, cette théorie a rencontré de nombreux adversaires. M. Armengaud considère les vibrations infiniment petites comme nuisibles et représentant un travail perdu. Ses vues paraissent justifiées. M. A. Pénaud trouve cette théorie antimécanique. M. le docteur A. Hureau de Villeneuve pense que dans un courant d'air l'amplitude des battements n'a pas besoin d'être considérable; opinion jusqu'ici, conforme aux résultats de M. Marey, qui a démontré que l'amplitude diminue en fait avec la vitesse relative de l'oiseau. Il a complété son opinion sur cette théorie en disant que des oscillations très-petites et inappréciables pour l'œil peuvent produire des mouvements de torsion et de détorsion de l'aile profitables à l'oiseau, d'après les idées émises par M. Pettigrew. M. de Lucy regarde le vol à voiles comme un fait accidentel; pour lui, c'est du parachutisme. M. de Louvrié, en 1868, admettant des courants légèrement ascendants, assimilait le travail du vol à voiles à celui d'équilibriste et le considérait comme accidentel. En 1869, Moy disait que l'albatros trouvait au sommet d'une vague un petit courant ascendant produisant le même effet sur l'aile que son battement dans un courant horizontal. Dans ces dernières années, une théorie du vol à voiles due à M. A. Pénaud a conquis l'approbation de MM. Armengaud, de Lucy, de Louvrié, etc.

M. Pénaud démontre que le vol à voiles, loin d'être accidentel, est une méthode générale de vol. Considérant un voilier, il est certain, dit-il qu'il tombe à chaque instant par rapport à l'air qui l'entoure; les plumes des ailes sont constamment relevées par la pression de cette chute relative. Mais cet oiseau monte par rapport au sol. Donc, l'air qui le porte monte plus vite que l'oiseau ne descend, et c'est en se servant habilement des composantes ascendantes des mouvements de l'air que l'oiseau peut sillonner indéfiniment l'atmosphère, sans autre peine que de tenir ses surfaces déployées. M. Pénaud reconnaît pour causes aux courants ascendants. 1° Les vents et la configuration du sol; 2° la chaleur solaire et le rayonnement céleste, terrestre et atmosphérique, agissant diversement sur des substances différemment humides, denses, diathermanes et transparentes. Ces courants, rarement parallèles, donnent lieu à des tourbillons de toutes grandeurs, orientations et inclinaisons. Tandis que MM. Planavergne pensent que les voiliers reçoivent sur les deux faces de l'aile, des impulsions propulsives de la part des tourbillons, M. Pénaud dit que les pélagiens ne reçoivent jamais en plein vol, de pression sur la face supérieure de leurs ailes. Cette théorie du vol à voiles est émise par M. Pénaud depuis 1871.

Dans des ouvrages récents, M. Pettigrew explique le vol à voiles par une judicieuse torsion en hélice des ailes à l'épaule, adaptant l'aile au vent, dont l'oiseau peut la retirer à volonté, possédant un parfait commandement sur lui-même et sur l'élément dans lequel il se meut. Mais M. Marey est tenté de considérer le vol à voiles comme un paradoxe, sur lequel il ne se prononce pas, attendu qu'on connaît trop insuffisamment les lois de la résistance de l'air, surtout en ce qui concerne la décomposition de cette résistance contre des plans inclinés sous différents angles. Plus récemment encore, il affirme que le goëland rame et attaque l'air sous un angle de 10°.

Cet exposé historique de la question du vol à voiles aura le double avantage de fournir sous tous les aspects les données du problème et des éléments, pour la comparaison entre les théories anciennes et la nouvelle, donnée comme un cas de la théorie générale du vol.

Dans le vol ramé, les vibrations des ailes rompent l'équilibre aérien, et établissent des courants. La pression atmosphérique agit directement sur la surface aéroductrice ou par l'intermédiaire de la force vive qu'elle confie à un courant postérieur. Dans les deux cas, c'est elle qui détermine à la fois la propulsion et le soutien de l'être volant, que les vibrations placent au sein de courants volontairement créés en intensités et en directions. Or, que des courants semblables existent indépendamment des vibrations, il en résultera par leur action sur l'aile, le vol à voiles : les vibrations des ailes seront en effet devenues inutiles, les courants qu'elles devraient créer existant déjà. Le vol à voiles, c'est donc le vol ramé, dont les vibrations sont suspendues, leur fonction étant naturellement remplie par les mille causes qui, dans l'atmosphère, créent les vents et agitent, en tous sens, l'air en apparence le plus calme. L'oiseau transforme la force vive d'un courant quelconque en vitesse d'arrière en avant et dans le plan d'inclinaison de ses ailes, par la seule fonction organique de son aile immobile, qu'il se borne à présenter au vent sous une inclinaison avantageuse, le plus souvent sans effort mais parfois avec fatigue et difficulté. Il s'élève, dans le vol à voiles, de la même manière que dans le vol ramé. Cette théorie diffère de l'hypothèse de M. d'Esterno par la manière dont s'opère la décomposition de la force vive du courant sur l'aile, que ce dernier considérait comme un plan incliné et que l'on doit considérer surtout comme une surface résistante en certains sens et non résistante dans d'autres. Si l'on considère la résistance dans le sens d'arrière en avant qu'offre l'aile sur les deux faces à un courant à la fois debout ou arrière, de sens antérieur ou postérieur relativement à l'oiseau, l'on est frappé de voir que l'aile convertit, pour un temps donné, la force uniforme du vent en une force constante dirigée d'arrière en avant et suivant le plan de l'aile Le courant arrière, en effet, peut être représenté par une force agissant au centre de figure de l'aile et pouvant se décomposer en deux autres, l'une suivant la résistance de l'aile et l'autre normale au courant. La première obtient tout son effet sur l'aile entraînée. L'effet de la seconde sur l'aile se comprend par sa décomposition en deux autres : l'une dirigée dans le plan de l'aile et dans le sens de sa non-résistance, n'obtient aucun effet sur l'aile, tandis que l'autre, dans le sens même du courant, représente intégralement la force primitive du courant. L'interprétation mathématique de cette décomposition de la force vive du courant est que l'aile n'échappe à cette dernière qu'en sortant de la colonne d'air dont elle est une base inclinée, que le courant fait glisser dans sa propre inclinaison suivant une force constante dirigée d'arrière en avant et en dehors de la colonne d'air dans laquelle le corps de l'oiseau est inscrit. Une décomposition analogue pour le courant debout donne le même résultat. Maintenant, remarquons que le sens de la résistance est d'arrière en avant et en dehors (partie postérieure), et de dehors en dedans et en avant (partie antérieure). D'après cette remarque, la direction de la constante sur l'aile est déviée, et l'aile reste, par ce fait plus longtemps soumise à son action. La déviation, en effet, est, suivant une courbe, qui suit la longueur de l'aile. L'aile des procellariés est très-étroite et très-longue pour la raison qui précède, et aussi pour le motif qui suit et qui est relatif à une autre fonction organique de l'aile, dans le vol à voiles. Par l'effet des courbures, l'aile déverse en avant l'air à droite et à gauche, ne présentant, comme dans le vol ramé, qu'une résistance insignifiante à la translation de l'oiseau.

La force constante en laquelle l'oiseau convertit la vitesse du courant, peut être calculée. Elle est de la forme $\frac{V}{\text{Cos. A}}$: V désigne la vitesse du courant et A l'inclinaison de l'aile sur le courant. L'expression générale de sa valeur serait donnée par une fraction plus compliquée. La forme $\frac{V}{\text{Cos. A}}$ est approximative pour des courants antérieur et postérieur de vitesse V avec une inclinaison verticale, A, de l'aile sur le courant. Or, A, tendant à égaler Oo, Cos. A. tend à égaler 1, et l'on a pour la vitesse de l'oiseau, une valeur égale à la vitesse même du courant. Dans un courant antérieur l'oiseau planera immobile et comme fixe pendant un temps fini. C'est dans le vol à voiles un cas très-singulier et analogue à celui qui, dans le vol ramé, permet aux oiseaux-mouches de se fixer auprès d'une fleur. Le calcul théorique indique sa possibilité. A-t-il été observé en fait? Oui. Les mouettes donnent souvent ce spectacle que MM. d'Esterno et A. Pénaud ont expliqué comme une apparence. Ils assurent, en effet, qu'on ne voit pas un voilier immobile, et qu'on pourrait toujours constater, quand l'oiseau paraît fixe, que son repos est apparent, qu'il avance dans un courant avec une vitesse égale et opposée. Le calcul dit la même chose : la fixité du voilier est une apparence ; mais il ajoute : la fonction de son aile, convenablement résistante, lui acquiert dans le courant même une vitesse égale et opposée pour un temps fini. A peut égaler 90o, et alors $\frac{V}{\text{Cos. A}}$ représente l'infini.

La discussion de cette valeur est intéressante au point de vue théorique. Elle ne sort pas des phénomènes ordinairement observés dans le vol à voiles : elle comporterait de trop longs développements ; disons seulement que $\frac{V}{\text{Cos A}}$, tendant à égaler l'infini, explique les brusques changements de direction dont le voilier semble se faire un jeu.

La théorie de M. A. Pénaud ne dit pas le mode d'action de l'aile sur le courant ou du courant sur l'aile. Elle admet que l'oiseau tombe

relativement aux masses d'air du courant qui le porte, et l'admet en
principe comme évident. Enfin, elle ne sait profiter que des courants
ascendants. — Il y a lieu de croire, d'après la nouvelle théorie, que
l'oiseau traverse obliquement de haut en bas s'il descend, de bas en haut
s'il s'élève et aussi de droite à gauche ou vice versâ, le courant qui lui
cède sa force vive avec une vitesse qui dépend de son inclinaison sur le
courant, dont la direction au-dessus et au-dessous de l'horizon peut
varier dans des limites d'angles très-éloignées, et que le principe énoncé
plus haut dans les théories de M. Pénaud, d'une chute relative du voilier,
doit être réduit dans le vol à voiles à l'action de la masse sur la résultante
des vitesses acquises par les ailes, résultante dont la masse opère, comme
dans le vol ramé, la décomposition en force de soutien et en force de
propulsion, la première toujours normale à l'horizon, la seconde selon
la volonté de l'oiseau inclinée ou non au-dessus ou au-dessous de
l'horizon. Le vol à voiles est une méthode très-générale de vol qui n'a dû
être acquise à l'oiseau qu'après le vol ramé, par une merveilleuse
adaptation de l'être animé avec les conditions extérieures du milieu où
il vit.

La vitesse de propulsion varie parmi les voiliers de dix mètres par
seconde chez le busard, à vingt-cinq mètres chez l'albatros. Des courants
qui leur imposeraient, dans des limites d'angles déterminées, une vitesse
plus considérable, comme des vents impétueux et irréguliers, des états
atmosphériques capables d'altérer le sens de la résistance ou de la
diminuer dans la surface alaire, obligent même les meilleurs voiliers à
quitter l'élément, qui est le siège de leurs jeux ordinaires. L'albatros
cherche alors un refuge sur les vaisseaux où les marins l'appellent
oiseau des tempêtes, qu'ils connaissent dans d'autres circonstances
sous le nom de *mouton du cap* ou encore de *vaisseau de guerre*. Ainsi,
les temps de pluie, neige, etc., et une atmosphère trop agitée, ne sont
pas favorables au vol à voiles. Dans ces conditions, observe Virgile
(Géorg. l. III, v. 544) :

> *Ipsis est aer avibus non æquus, et illæ*
> *Præcipites alta vitam sub nube relinquunt.*

Un temps très-calme n'est également pas favorable au vol à voiles,
tandis qu'il est la meilleure condition du vol ramé. C'est que le vol
naturel, ramé et à voiles, a ses limites dans des relations intimes qui
existent entre la vitesse, le poids, la force, la surface alaire et le milieu
ambiant qui sert de véhicule à l'oiseau, relations dont la nouvelle théorie
générale du vol naturel rend compte, mais qui n'ont pas toutes trouvé
place dans ce court exposé. Il resterait par exemple à définir le rôle
important de la queue dans la fonction du vol et à établir toute la *théorie
du poids mobile*, qui permet au volatile de changer volontairement sa
direction. Ce travail complémentaire sera l'objet d'une prochaine

communication. Mais aujourd'hui résumons cette théorie en faisant
connaître le jeu de l'air dans le volume décrit par l'aile, et en donnant
enfin les courbures et les limites mathématiques de la surface alaire.
Ce sera la *théorie mathématique de l'aile.*

Théorie mathématique de l'aile.

La pression atmosphérique a pour formule, sur une surface donnée,
πR^2, en kilogrammes : 10360 πR^2 environ. Elle agit comme une force
constante dans un temps court à cause de l'élasticité des fluides gazeux,
dont le mélange est l'atmosphère.

La force centrifuge a pour formule $4 n^2 \pi^2 R m$, où R est la distance
à l'axe de rotation du centre de gravité de la masse, *m*, faisant *n* tours
par seconde.

Dans le cas de la rotation de l'aile le centre de gravité est aux 3/5 de
la longueur de l'aile, si l'on considère l'aile parcourant un quart de
circonférence. Si R désigne la longueur de l'aile, le centre de gravité
de la masse d'air entraîné se trouve être à la distance 3/5 R du point
où l'aile est articulée au corps de l'oiseau. La formule de la force centrifuge devient $\frac{12}{5} n^2 \pi^2 R m$. Appelons H la largeur de l'aile et considé-
rons le volume d'air, sur lequel l'aile agit, comme un cylindre, $\pi R^2 H$

On aura :

$$10360 \pi R^2 = M \gamma, \qquad \text{M est la masse d'air sur laquelle}$$
$$\text{agit la pression atmosphérique ;}$$

$$M = \frac{\pi R^2 H \times 1{,}29}{9{,}8088} ;$$

$$\gamma = \frac{10360 \times 9{,}8088}{1{,}29 H} ;$$

$$H = 1/2 \, \frac{10360 \times 9{,}8088}{1{,}29 H} \times t^2 ; \qquad t \text{ est le temps que met la}$$
pression atmosphérique pour remplir d'air le volume du cylindre vide
$\pi R^2 H$.

La vitesse avec laquelle l'air sort du volume décrit par l'aile est
$\frac{12}{5} \pi^2 n^2 R$. En une seconde l'air entraîné par la force centrifuge occupe
un volume équivalent à celui dont la mesure serait $\frac{12}{5} \pi^2 n^2 R \times 2 R H$.
Donc en une seconde le vide se fait sous l'aile autant de fois que
$\frac{12}{5} \pi^2 n^2 R \times 2 R H$ contient $\pi R^2 H$. Le vide se fait $\frac{24}{5} \pi n^2$ fois par

seconde. Il se fait une fois en $\dfrac{5}{24\,\pi\,n^2}$ de seconde. On a : $t = \dfrac{5}{24\,\pi\,n^2}$.
Cette valeur portée dans la formule contenant H donne :

$$H = \dfrac{1}{2}\; \dfrac{10360 \times 9,8088}{1,29 \times H} \times \left(\dfrac{5}{24\,\pi\,n^2}\right)^2$$

d'où :

$$H = \dfrac{5}{24\,\pi\,n^2}\; \sqrt{\dfrac{10360 \times 9,8088}{1,29 \times 2}}$$

$$H = \dfrac{13,16}{n^2}$$

Si H $= 2$, n $= 2,56$; si H $= 1$, n $= 3,62$. Ces deux premières solutions conviendraient à une aile artificielle. Mais si H $= 0,1316$, n $= 10$, et si H $= 0,1$, n $= 11,98$. Ces deux dernières solutions se trouvent réalisées dans le vol et dans l'aile de plusieurs oiseaux.

Il y a lieu d'énoncer plusieurs lois remarquables qui se trouvent exprimées dans les formules précédentes :

1° L'aile qui vibre fait le vide en $\dfrac{5}{24\,\pi\,n^2}$ de seconde. Donc : la faculté absolue du vol dépend de la longueur de l'aile; mais elle est indépendante de la longueur, dès que la longueur de l'aile est en raison inverse de la largeur. — Cette loi était connue, mais pas avec cette précision.

2° H $= \dfrac{13,16}{n^2}$; donc : la largeur de l'aile ne dépend pas de sa longueur. Cette loi du vol et les suivantes n'avaient pas été trouvées.

3° La largeur de l'aile est en raison inverse du carré du nombre des vibrations observées en une seconde dans le vol libre.

4° La largeur de l'aile est proportionnelle à la racine carrée de l'intensité de la pesanteur. C'est le contraire pour la durée de l'oscillation d'un pendule.

5° La largeur de l'aile est inversement proportionnelle à la racine carrée de la densité de l'air. La deuxième, la troisième et la quatrième lois rapprochées montrent qu'il n'y a pas de rapport rigoureusement mathématique entre les surfaces alaires et les dimensions des ailes chez les divers oiseaux.

6° La largeur de l'aile est proportionnelle à la racine carrée de la pression atmosphérique.

7° La largeur de l'aile est inversement proportionnelle au rapport constant de la circonférence au diamètre

8° La largeur de l'aile est enfin proportionnelle au nombre incommensurable, $1/4\,\sqrt{2}$.

Les sept dernières lois conviennent au vol ramé et sont applicables aux ailes des voiliers, qui peuvent plus ou moins pratiquer le vol ramé.

9° La faculté du vol dépend, dans le vol ramé, uniquement du carré du nombre des vibrations de l'aile et son aisance croît, chez les volatiles, avec le nombre des vibrations observées en une seconde. — Car le vide se fait $\frac{24}{5} \pi$ n² fois, par seconde, dans le volume engendré par l'aile, qui vibre. Le vol ramé est le plus aisé chez les insectes, dont les vibrations sont les plus nombreuses dans un temps donné. Le vol est lourd, chez les ramiers, dont l'aile vibre lentement. Supposons en effet que n soit grand et que n' soit petit, pour un même accroissement d de vitesse dans la rotation de l'aile, on aura :

$$\frac{24}{5} \pi (n + d)^2 = \frac{24}{5} \pi (n^2 + nd + d^2)$$

et
$$\frac{24}{5} \pi (n' + d)^2 = \frac{24}{5} \pi (n'^2 + n'd + d^2).$$

Ainsi, sans compter la différence due aux carrés n² et n'², on remarque la différence due aux quantités nd et n'd. De là l'aisance remarquée dans le vol de plusieurs insectes et oiseaux.

10° Les largeurs des ailes de deux volatiles sont en raison inverse des carrés des vibrations observées dans le vol libre de chacun d'eux.

$$\frac{H}{H'} = \frac{13,16}{n^2} : \frac{13,16}{n'^2} = \frac{n'^2}{n^2}$$

Dans le vol ramé et dans le vol à voiles le soutien et le déplacement sont dus à la surface passive de l'oiseau qui reçoit l'impulsion de la force vive soit des courants créés ou artificiels soit des courants circonstanciels agitant l'atmosphère. La longueur de l'aile dépend à la fois, de l'angle sous lequel vole ordinairement l'animal, de son poids et, de l'intensité des courants, qui agissent le plus ordinairement sur l'aile, de la vitesse ordinaire à l'animal volant librement, de l'angle sous lequel les courants frappent l'aile et de la rugosité de l'aile.

Soient : F l'impulsion reçue par la surface aéroductrice, V' la vitesse des courants sur l'aile, S la surface passive de l'aile, k le coefficient qui est propre à la rugosité de l'aile par rapport aux molécules aériennes, V la vitesse habituelle de l'oiseau dans l'acte du vol, β l'angle suivant lequel les courants atmosphériques frappent l'aile, et α l'angle sous lequel vole habituellement l'oiseau, c'est-à-dire l'angle que forme la surface S avec la ligne de translation, et P le poids de l'oiseau,

L'on a les relations suivantes :

$$F = k S V' \frac{1}{\cos \beta};$$

$$F = \frac{V}{\cos \alpha};$$

$$P^2 = V^2 \left(\frac{1}{\cos^2 \alpha} - 1 \right)$$

d'où l'on tire

$$S = \frac{P \cos \beta}{k\,V\,\sin \alpha} = \frac{V \cos \beta}{k\,V\,\cos \alpha}$$

Dans ces formules se trouvent exprimées plusieurs lois relatives à la longueur de l'aile.

1° La longueur de l'aile est en raison inverse de la largeur. — Cette loi n'était pas soupçonnée. Elle consacre définitivement la longueur des ailes des voiliers, expliquée par leur faible largeur. Les grands voiliers lorsqu'ils doivent pratiquer le vol ramé sont assujettis à donner à leurs membres une grande vitesse de rotation, qui diminue la valeur de H.

2° La longueur de l'aile est proportionnelle au cosinus de l'angle sous lequel les courants frappent l'aile.

3° La longueur de l'aile est proportionnelle à la vitesse habituelle du vol chez le volatile considéré.

4° La longueur de l'aile est proportionnelle au poids du volatile considéré.

5° La longueur de l'aile est en raison inverse de la rugosité de l'aile.

6° La longueur de l'aile est en raison inverse de la vitesse des courants agissant sur l'aile.

7° La longueur de l'aile est en raison inverse du sinus de l'angle que fait la surface alaire avec la ligne de translation de l'oiseau, ou proportionnelle à la cosécante du même angle.

8° La longueur de l'aile est en raison inverse du cosinus, ou, proportionnelle à la sécante, du même angle.

9° La longueur de l'aile est proportionnelle à la cotangente du même angle.

Ces neuf lois sont communes aux voiliers. Mais, dans le vol ramé, $V^2 = \frac{12}{5} \pi^2 n^2 R$, et, portée dans les formules précédentes, cette valeur donne :

$$S = \frac{\cos \beta\, P}{\frac{12}{5} \pi^2 n^2 R\,k \sin \alpha} = \frac{\cos \beta\, V}{\frac{12}{5} \pi^2 n^2 R\,k \cos \alpha}$$

D'où l'on tire :

$$R = \sqrt{\frac{\cos \beta\, P}{\frac{12}{5} \pi^2 n^2 k \sin \alpha\, H}} = \sqrt{\frac{\cos \beta\, V}{\frac{12}{5} \pi^2 n^2 k \cos \alpha\, H}} \quad \text{ou}$$

$$R = \frac{1}{\pi n} \cdot \sqrt{\frac{5 \cos \beta\, P}{12\,k\,H \sin \alpha}} = \frac{1}{\pi n} \sqrt{\frac{5 \cos \beta\, V}{12\,k\,H \cos \alpha}}$$

3

Donc dans le vol ramé on a de plus :

10° La longueur de l'aile est inversement proportionnelle au nombre des vibrations observées et au rapport de la circonférence au diamètre.

11° La longueur de l'aile est proportionnelle aux racines carrées du poids de l'oiseau, de sa vitesse ordinaire et du cosinus de l'angle sous lequel l'aile attaque l'air.

12° La largeur de l'aile est en raison inverse, chez les ramiers, des racines carrées de sa largeur, de sa rugosité, du sinus et du cosinus de l'angle que fait en moyenne l'aile avec la ligne parcourue par le volatile.

Dans tous ces cas pour le vol à voiles comme pour le vol ramé les lois sur la longueur de l'aile ne seront vérifiées qu'en tenant compte de la surface passive répandue sur le corps de l'animal ; de sorte que S ne désigne pas seulement la surface alaire mais aussi en grande partie les surfaces corporelle et caudale.

J'ai mesuré le 20 juillet 1875, les dimensions des ailes d'une mouche commune. J'ai trouvé : longueur, $0^m,0054$; largeur, $0^m,002$ environ. Privé des 2/3 de sa surface alaire postérieure, l'insecte vole encore ; c'est prouvé par les expériences de M. Pettigrew. Un insecte fixé fait pour s'envoler 350 vibrations par seconde, a trouvé expérimentalement M. Marey. Dans les deux cas l'animal fait, pour s'envoler, tous les efforts dont il est capable. Lorsque la mouche ne fait que 100 vibrations à la seconde, son aile active a pour longueur : $0^m,001362$. Avec une aile large de $0^m,00162$ elle ne fait que 90 vibrations. Mais pour voler la mouche commune doit faire plus de 81,117 vibrations par seconde. Par un effort insoutenable, durant un temps très-court, elle peut faire 400 vibrations avec une largeur d'aile active égale à $0^m,0000822$.

Mais l'aile qui vibre, n'a pas toujours une amplitude de vibration égale à 1/4 de circonférence. Dans les vibrations dont l'amplitude est petite, le centre de gravité de la masse d'air mis en mouvement est plus éloigné de l'axe de rotation que dans le cas sur lequel nous avons raisonné. Plus l'amplitude est réduite, plus le centre de gravité se rapproche de l'extrémité de l'aile. Cette circonstance théorique est favorable au vol, parce qu'elle augmente la vitesse due à la force centrifuge entraînant l'air hors du volume engendré par la surface alaire. M. Marey a constaté expérimentalement l'avantage pour l'oiseau des petites vibrations.

Une hélice, agissant sur un navire, ne l'entraîne pas selon l'axe de l'hélice, mais suivant une courbe dont la courbure dépend du sens dans lequel tourne l'hélice. Deux ailes agissant ensemble, en sens contraire, et ayant un mouvement de rotation alternatif, permettent à l'animal de rester en volant dans le plan, qui le conduit le plus rapidement d'un point à un autre point de l'espace, et de ne pas trop s'éloigner de la ligne droite séparant ces points.

MM. Marey et Pettigrew pour démontrer que l'aile doit être flexible ont enduit des ailes naturelles avec un enduit, qui en séchant faisait de l'aile une surface inflexible dans le vol. Dans cette expérience la rugosité de l'aile était détruite. La flexibilité de l'aile, surtout lorsque l'aile est petite, consiste à donner des flexions à l'aile d'à peine quelques minutes d'arc à 1 degré. Le vol d'un insecte n'aurait pas été aboli par le manque de flexibilité. L'expérience, ce me semble, doit être interprétée de cette manière : le vol a été aboli parce que

1° Le jeu de l'air sous l'aile était gêné par l'absence des courbures de l'aile.

2° L'aile étant plus lourde, ne pouvait pas vibrer avec la même rapidité.

3° La rugosité de l'aile était détruite.

Pour ces trois causes, le vol a été aboli ; la dernière aurait suffi à abolir chez l'insecte la faculté du vol. Un oiseau dont les ailes sont mouillées ne peut pas voler pour les deux derniers motifs, qui, dans l'expérience précédente, abolissent le vol, chez l'insecte, selon les prévisions théoriques suivantes : Le jeu de l'air sur l'aile est rendu sensible par les figures suivantes :

Figure 1. — S est une surface oblique au mouvement indiqué par les flèches ; α et β sont les angles d'inclinaison ; S_t n'est inclinée que de l'angle α ; S_d est la section droite du volume engendré. La vue de la figure indique suffisamment que la résistance d'un courant sur S sera exprimé par la formule : $R = \sin \alpha \sin \beta \, S \, V^2 \, \mu \, (1 + \varphi) = 1/2 \, S \, V^2 \, \mu \, (1 + \varphi) \left[\cos (\alpha - \beta) - \cos (\alpha + \beta) \right]$.

Figure 2. — Lorsque l'angle $\beta = 90°$, la résistance sur la surface S devient : $R = \sin \alpha \, S \, V^2 \, \mu \, (1 + \varphi)$.

Figure 3. — Lorsque α et β valent chacun 90 degrés, la résistance est normale au plan S, et s'exprime ainsi : $R = S \, V^2 \, \mu \, (1 + \varphi)$.

Figure 4. — La surface alaire indéfinie est représentée par le plan P, la ligne A est l'axe de rotation de la surface alaire.

Figure 5. — La surface AP' est le plan P courbé par la résistance de l'air due à la rotation de l'aile. Cette courbure est une branche de parabole.

Figure 6. — La surface A M P'' est la surface A P' ayant subi une nouvelle courbure ; la molécule d'air M devant arriver au point M' seulement au moment où le point B arrive au point M', de cette manière la pression atmosphérique obtient tout son effet sans être gênée par le plan, qui agit néanmoins constamment sur la molécule M.

Figure 7. — La molécule M est libre dans le volume décrit par la surface alaire. Elle en sort par la force centrifuge, mais à tout instant elle va aussi suivant la tangente à l'élément que vient de décrire l'élément du plan qui la touche et lui communique successivement vitesses croissantes V, V_1, V_2, V_3, V_4 .... La molécule M irait donc en M' par la seule pression atmosphérique ; en M'' sous l'action de pression atmosphérique et de la force centrifuge, mais, en réalité, elle va en M''' sous l'action incessante de l'aile tournant plus ou moins rapidement. De là une troisième courbure que subit la surface alaire.

Figure 8. — Cette figure donne les trois courbures de l'aile. La surface T R A M M''' est la surface alaire dans le mouvement de rotation. Cette surface est indéfinie ; les courbures théoriques y sont exagérées et ne répondent qu'à un élément de durée de la rotation non alternative.

Figure 9. — AMM''' est le plan indéfini représentant la surface alaire; A est l'axe de rotation. La molécule M est amenée en M_1 par la pression atmosphérique et la force centrifuge. Elle a alors acquis la force vive, qui la mettra en M_2, hors du volume engendré par l'aile. La molécule M' aura de même acquis en M'_1 la vitesse nécessaire à son transport en M'_2. Les molécules M'' et M''' iront de même en M''_2 et M'''_2. La ligne CC' est la limite hors de laquelle l'air doit être entraîné par l'aile. La ligne $M M_1$ est la limite ventrale de l'aile naturelle; la courbe $M_1 M'_1 M''_1 M'''_1$ est la limite postérieure de l'aile naturelle d'une manière un peu éloignée encore de la réalité, la marge antérieure MM'M''M''' ayant été prise quelconque.

Figure 10. — La limite CC' hors de laquelle l'air doit être entraîné par l'aile au lieu d'être latérale par rapport à l'axe, est postérieure par rapport à la marge antérieure. Les molécules d'air MM'M''M''' vont en M_2, M'_2, M''_2, M'''_2.

Figure 11. — Une aile inclinée et très-rapide peut même chasser l'air, comme l'indique cette figure, postérieurement et suivant des parallèles à l'axe.

Figure 12. — Si la limite hors de laquelle l'air doit être emporté est dirigée suivant l'axe de l'aile et rapprochée de l'axe de rotation, l'aile est tronquée. La partie C D E est inutile et la courbe C D est une limite latérale ou externe de l'aile.

Figure 13. — Dans cette figure la marge antérieure et rigide de l'aile est inclinée en arrière sur l'axe. De là des modifications dans les limites interne et postérieure.

Figure 14. — La marge antérieure et rigide de l'aile est inclinée sur l'axe en avant. La limite ventrale et la limite postérieure ou latérale sont modifiées par cette circonstance. Beaucoup d'insectes ont les ailes dans le cas de cette figure.

Figure 15. — Une aile très rapide a une largeur très faible, si de plus l'aile est entière, elle est de forme lancéolée.

Figure 16. — Dans deux instants non consécutifs, mais très peu éloignés, deux molécules d'air partant du point M arrivent l'une en M'_1 et l'autre en M'. La marge antérieure dans le même temps s'est transportée de M B en M A. Pour que l'air ne se condense pas et ne se raréfie pas dans le volume engendré par l'aile, il faut que la surface d'entrée MAB soit égale à la surface de sortie A B M'_1 M'. Cette équivalence des surfaces doit avoir lieu pour toutes les tranches d'air en tous les lieux du volume considéré : MEF, par exemple doit égaler ECDF. Cela ne peut avoir lieu qu'en comptant les hauteurs : CE, M'A, à partir de la limite ventrale et en leur donnant pour valeur, celle qui résulte de l'égalité suivante $\pi R^2 = 2 \pi R H$, c'est-à-dire : $H = 1/2 R$. De là une nouvelle loi relative aux dimensions de l'aile : *La largeur de l'aile, dans le vol ramé, est proportionnelle, quant à l'aile active, a la distance du point de l'aile considéré à l'axe de rotation. Elle est sensiblement égale à la moitié de cette distance, la largeur étant comptée d'arrière en avant à partir de la limite ventrale prolongée.*

Figure 17. — La courbe MM'' est la courbe ventrale prolongée. La largeur de l'aile étant comptée conformément aux lois précédentes, donne la limite antérieure de la surface alaire. La courbe MCDB est la forme théorique de la marge antérieure. Elle se trouve réalisée chez plusieurs oiseaux. C'est à l'accélération de la pression atmosphérique qu'est due la sinuosité MCD de cette limite.

Figure 18. — Les divers éléments de la courbe MCDBE étant diversement inclinés sur l'axe de rotation, la marge postérieure subit, d'après les explications des figures 13 et 14, une modification nouvelle, qui rend conforme la limite postérieure de l'aile aux divers cas observés le plus fréquemment dans la nature : MM'FE est la limite réelle de la partie postérieure de l'aile naturelle.

Figure 19. — L'axe rotation, A, peut faire un angle plus ou moins grand λ avec l'axe B' du corps de l'oiseau. L'angle λ permet à l'animal de chasser l'air directement en arrière en le faisant profiter de la réaction du poids d'air chassé.

Figure 20. — Dans cette figure les flèches indiquent le mouvement des molécules M, M_1, M_2, M_3 projeté sur le plan moyen occupé par la surface alaire. Elles montrent surtout leur passage d'avant en arrière et peu latéralement.

Figure 21. — La surface indéfinie AMDCB est en grande partie inutile dans la surface alaire. La partie MFEHC est la seule utile. C'est la seule que la nature ait conservée pour réaliser le phénomène de la locomotion aérienne.

Figure 22. Cette figure représente dans l'acte du vol, l'aile vue de haut et un peu en avant.

Figure 23. — Cette figure représente une aile, vue dans l'acte du vol par un observateur placé latéralement, un peu en avant et un peu en haut.

Les figures 22 et 23 donnent à l'œil la forme du chiffre 8 par leurs limites.

Figure 24. — Le courant CO agit sur l'aile AB. La région A de l'aile est la marge antérieure et la partie B la marge postérieure. L'intensité du courant est décomposée en deux forces F et P. La force F obtient tout, son effet parce qu'elle agit suivant la résistance de l'aile. Quant à la force P, elle régénère la force GO, et donne de plus la force R, qui, agissant dans le plan de l'aile et dans le sens où elle est d'un poli parfait, n'a aucun effet sur l'aile. Si V est la vitesse du courant et α l'angle de de l'aile sur ce courant, on a $F = \dfrac{V}{\cos \alpha}$.

Figure 25. — Une décomposition analogue de la force vive d'un courant debout sur la surface alaire donne encore : $F = \dfrac{V}{\cos \alpha}$.

Figure 26. — Soit F la force acquise par l'oiseau ou dans le vol ramé ou dans le vol à voiles ; soit le P le poids de l'oiseau, la résultante qui entraînera l'oiseau et donnera la vitesse ordinaire V de son vol, sera parfois dirigée au-dessus de l'horizon, au gré de l'oiseau qui veut s'élever.

Figure 27. — Parfois la résultante sera horizontale et l'oiseau volera horizontalement.

Figure 28. — La trajectoire de l'oiseau pourra être dirigée, suivant la volonté de l'animal, au-dessous de l'horizon, s'il veut descendre.

La direction du vol dans les cas des figures 26, 27 et 28 dépend de l'angle que fait la surface alaire avec l'horizon, angle variable au gré de l'oiseau.

Figure 29. La ligne HH' représentant l'horizon, la ligne DD' représente la direction d'un courant descendant ; un voilier emprunte à la force vive de ce courant une force F, qui parfois dirige le voilier suivant CV au-dessus de l'horizon. Le voilier monte ou s'élève en réalité, dans un courant atmosphérique descendant. Ce fait généralise la théorie du vol à voiles universellement remarqué et admiré, quoique nié par quelques observateurs. Appelons α l'angle que fait l'aile avec l'horizon et β l'angle que fait le courant avec l'horizon, on aura : $F = \dfrac{V'}{\cos(\alpha + \beta)}$ V' désigne la vitesse du courant atmosphérique.

L'aile, dès que les courants, qui la frappent, ont une certaine intensité, est dans l'air, comme une flèche qui pénètre un corps, s'enfonce encore sous la moindre action mais ne peut pas être retirée. Les abeilles ont un aiguillon qui résiste de même à la sortie de la blessure et cette résistance prive souvent l'abeille de son dard. La structure de beaucoup d'organismes végétaux présente une grande analogie physique avec la structure de la plume. L'aile ne peut glisser que dans son propre plan d'arrière en avant. Il y a une convenance admirable préétablie entre la structure de l'aile et la composition moléculaire de l'air. Plusieurs graines offrent à l'air en mouvement une résistance semblable à celle de l'aile.

Certaines lois très simples existent relatives à la vitesse V de l'oiseau dans le vol, lorsque la direction de la vitesse fait l'angle α avec l'horizon, l'angle d'inclinaison du plan général de l'aile sur l'horizon étant β et P étant le poids total de l'oiseau, on a :

$$V^2 = F^2 + P^2 - 2\,FP\,\cos\beta.$$

$$V = P\,\frac{\sin\beta}{\sin(\beta - \alpha)} = F\,\frac{\sin\beta}{\sin\alpha}.$$

La force acquise par l'oiseau est exprimée par F. — Il existe de plus la relation suivante relativement au P de l'oiseau.

$$P = F\,\frac{\sin(\beta - \alpha)}{\sin\alpha}.$$ D'où suivent des lois mathématiques :

1° La force de translation est égale au troisième côté d'un triangle, qui aurait pour côtés la force acquise par l'oiseau et le poids de l'oiseau comprenant un angle égal à l'inclinaison des ailes sur l'horizon.

2° La force de translation est proportionnelle au poids de l'oiseau, à la force acquise, au sinus de l'angle d'inclinaison du plan général des ailes sur l'horizon, et à la cosécante de l'angle que fait avec l'horizon la force de translation.

3° Le poids de l'oiseau est proportionnel à la force acquise, au sinus de l'angle d'inclinaison de l'aile sur la ligne parcourue par le volatile et à la cosécante de l'angle que fait la ligne parcourue avec l'horizon.

Ces premiers résultats obtenus dans l'étude mathématique de la très-importante fonction du vol laissant espérer à l'auteur une heureuse modification à apporter à l'hélice nautique. L'aile est un appareil très-supérieur à l'hélice. L'aile n'est pas, comme le pense M. Pettigrew, une simple hélice par ses courbures et ses fonctions ; c'est une hélice très perfectionnée, modifiée et transformée par la Nature même.

MONTEIL.

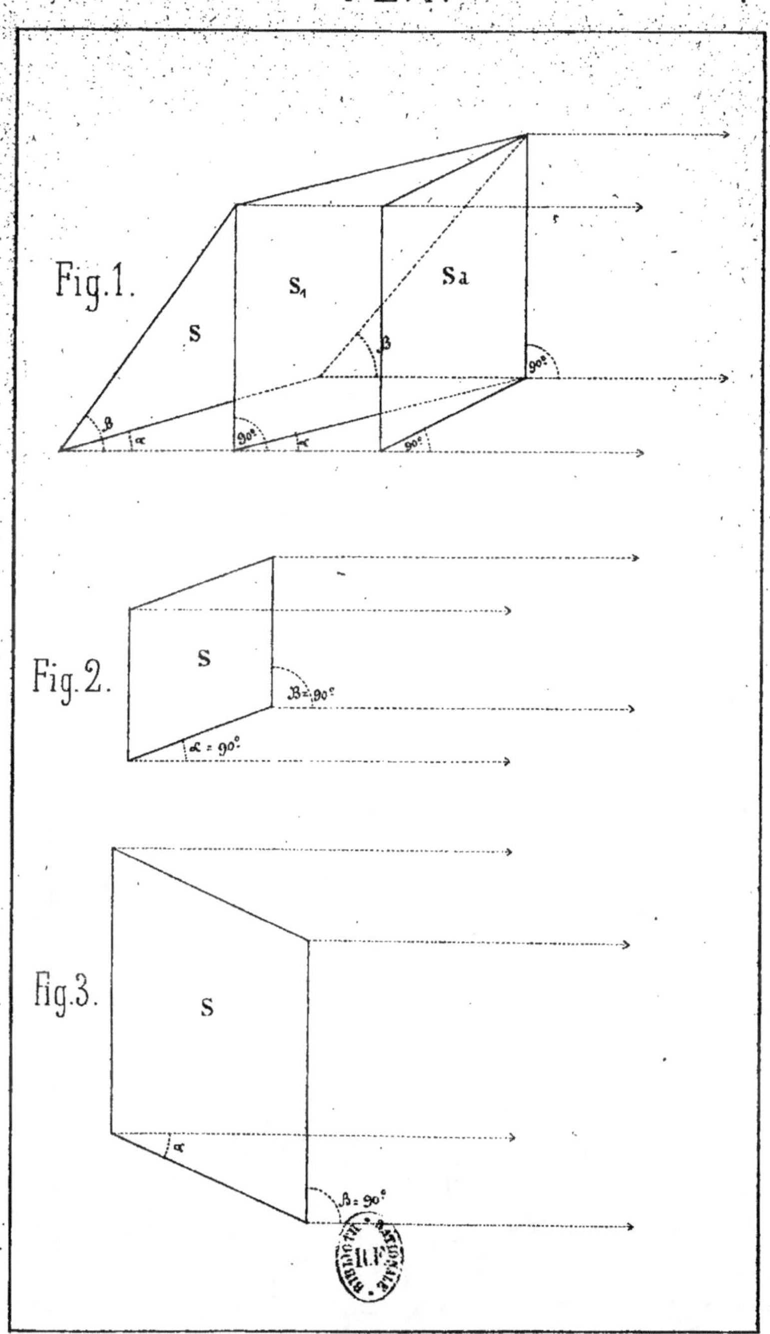

Fig.1.
S
S₁
Sₐ
β
α
90°
90°
90°
Fig.2.
S
β = 90°
α = 90°
Fig.3.
S
α
β = 90°

PL. II.

Fig. 4.

Fig. 5.

Fig. 6.

Vannes_Lith G. de Lamarzelle.

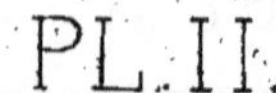

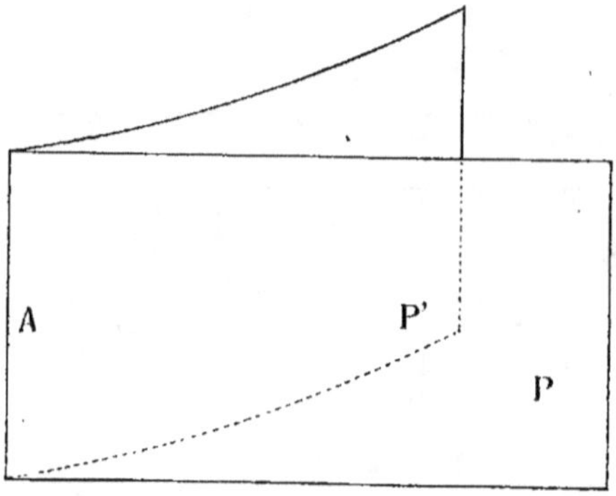

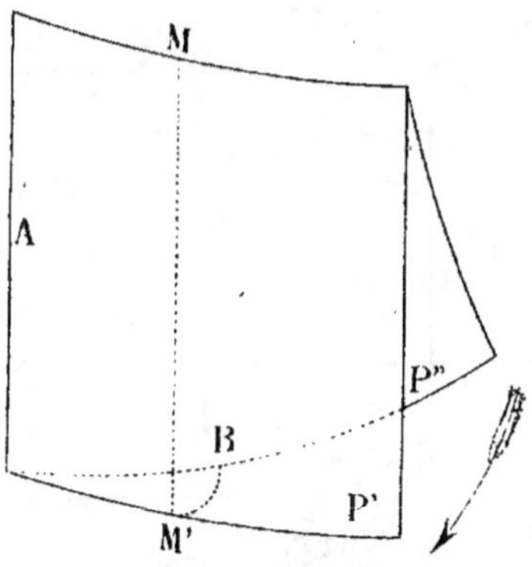

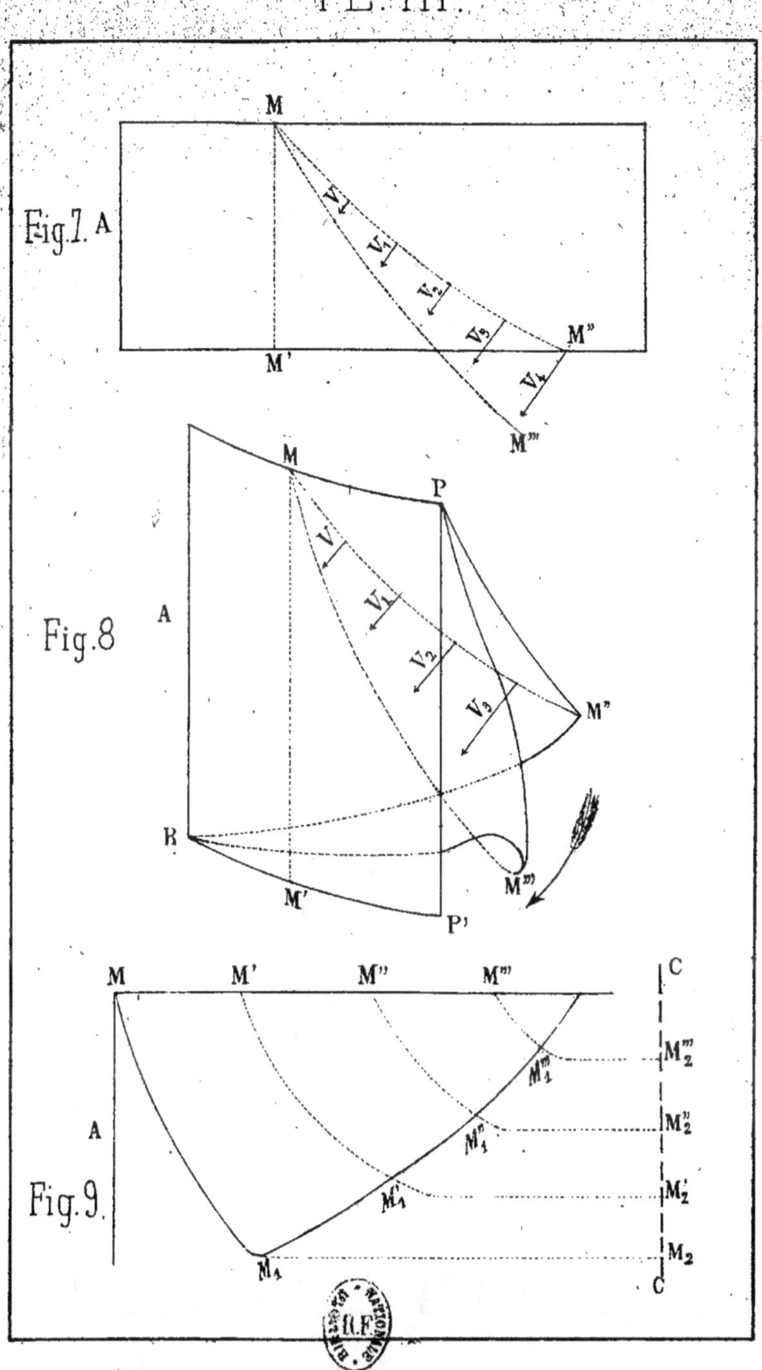

Fig.7. A
M
M'
M"
M"'
V₁
V₂
V₃
V₄
Fig.8
A
B
M
M'
M"
M"'
P
P'
V
V₁
V₂
V₃
Fig.9.
A
M
M'
M"
M"'
M₁
M'₁
M"₁
M"'₁
M₂
M'₂
M"₂
M"'₂
C
C

PL. IV.

M   M'   M"   M'''
A
M'''_1
M"_1
M'_1
M   M_1
Fig. 10.
C   M_2   M'_2   M"_2   M'''_2 C'

M   M   M   M   M
M_1
M_1
Fig. 11.   A   M_1
M_1
M_1
M_2   M_2   M_2   M_2   M_2

M   C   E
                                 D
Fig. 12.
A
M_1

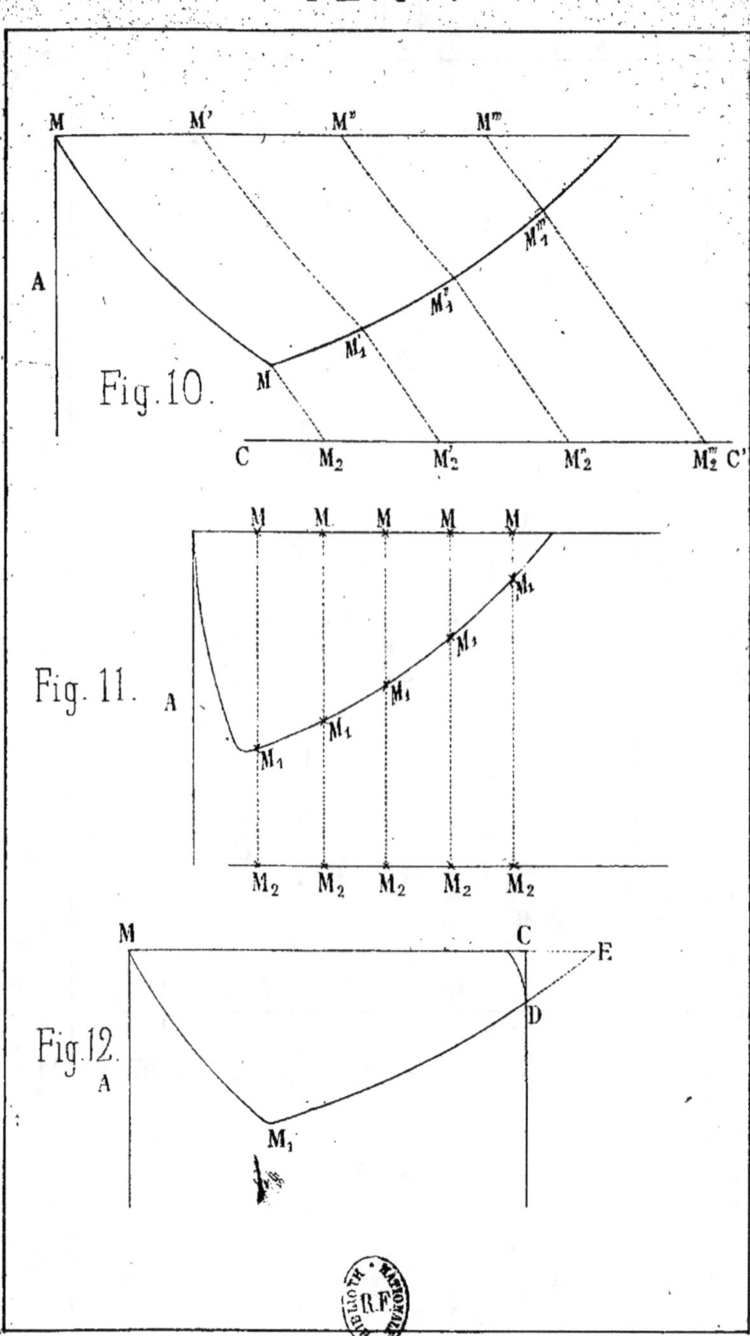

PL. V.

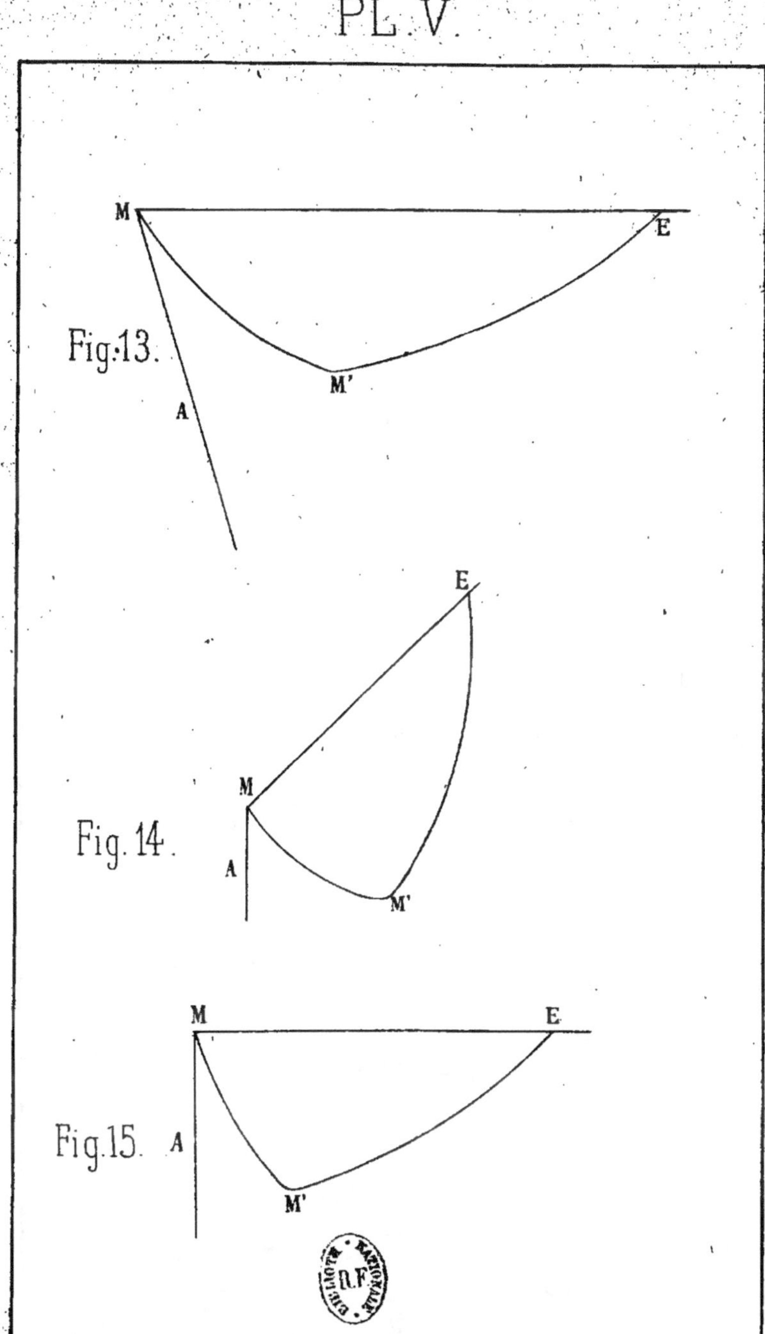

PL. VI.

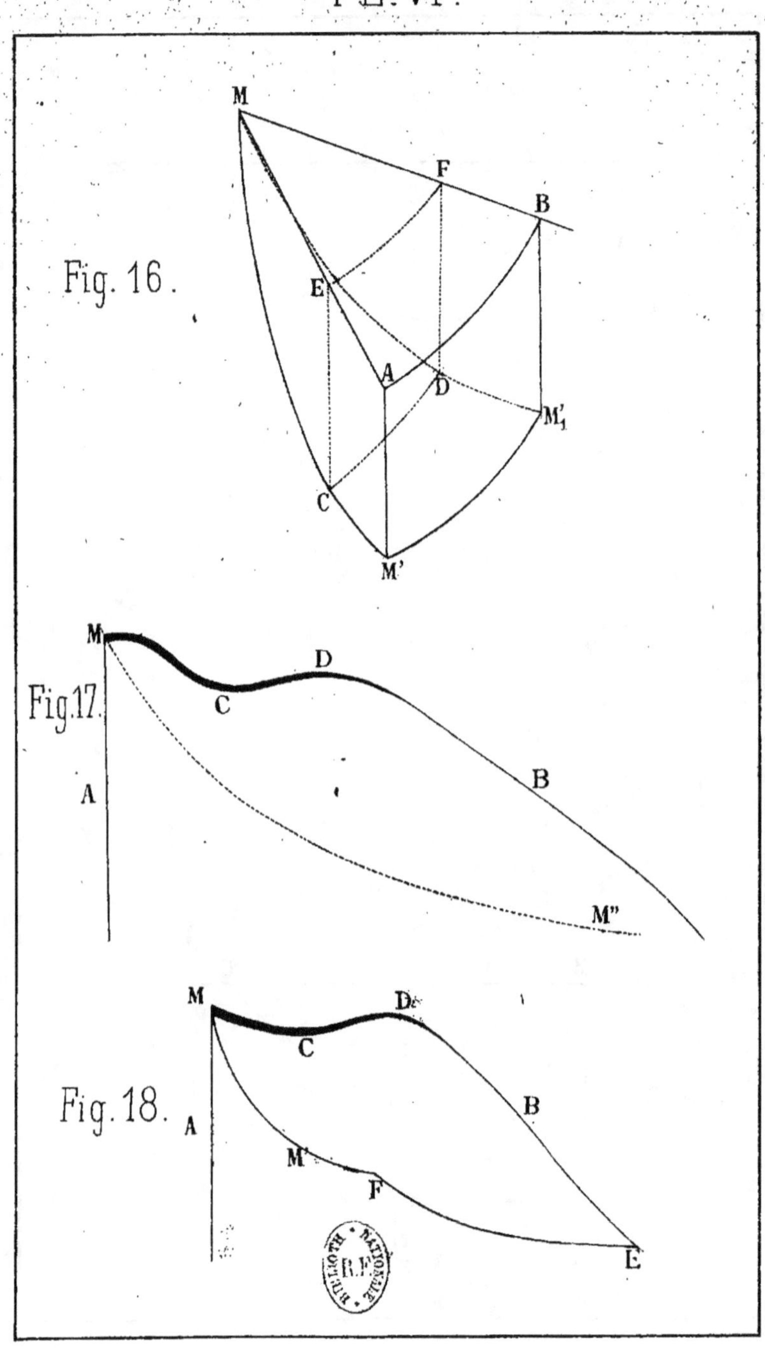

PL. VII.

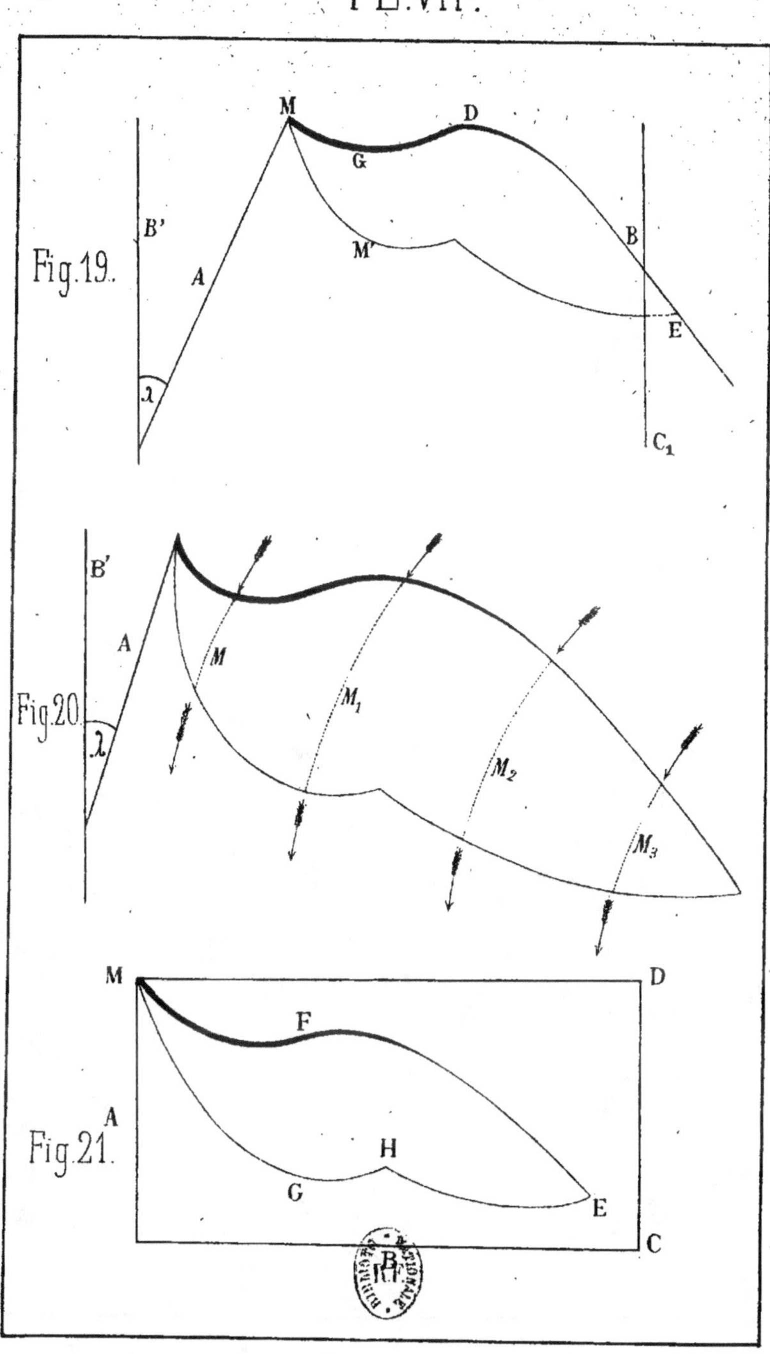

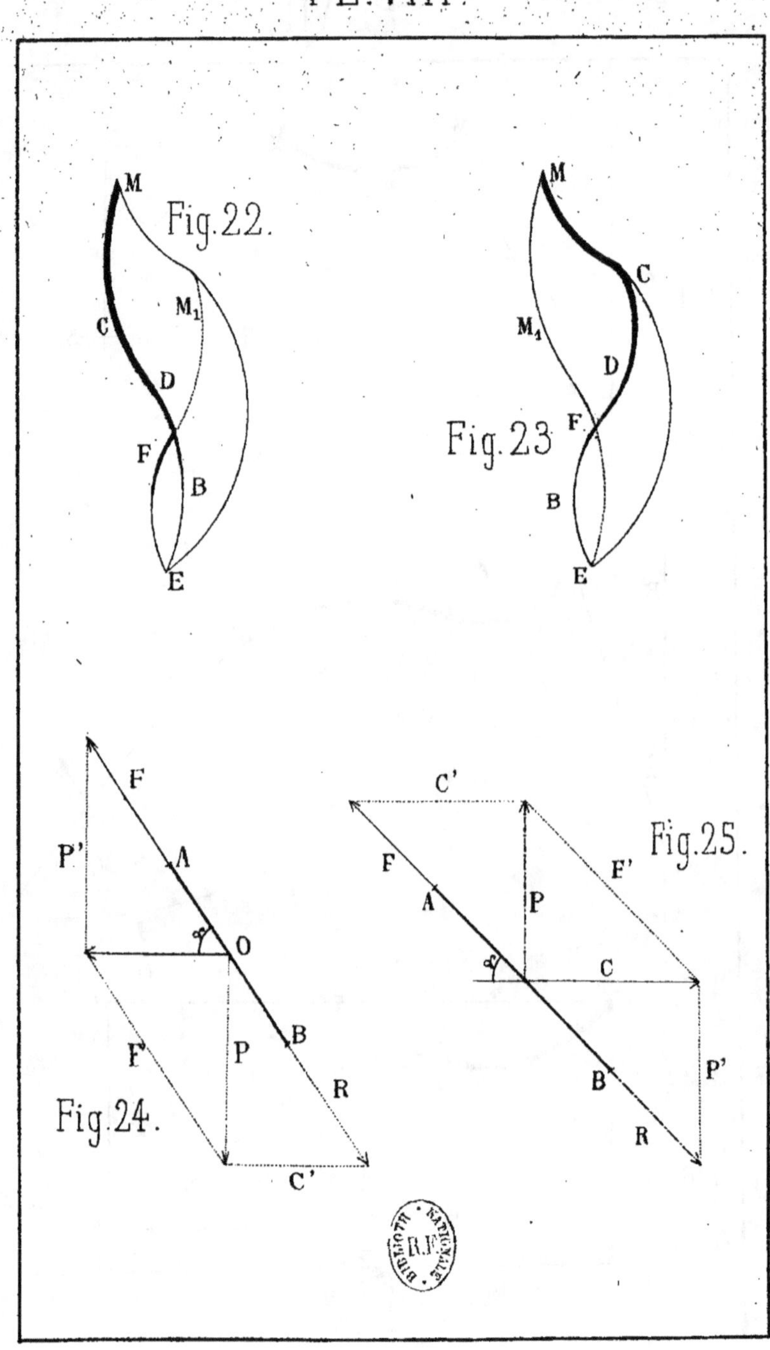
M
Fig. 22.
M₁
C
D
F
B
E
M
Fig. 23
C
M₁
D
F
B
E
F
P'
A
O
P
B
R
F'
Fig. 24.
C'
C'
F
A
P
E'
Fig. 25.
C
B
P'
R

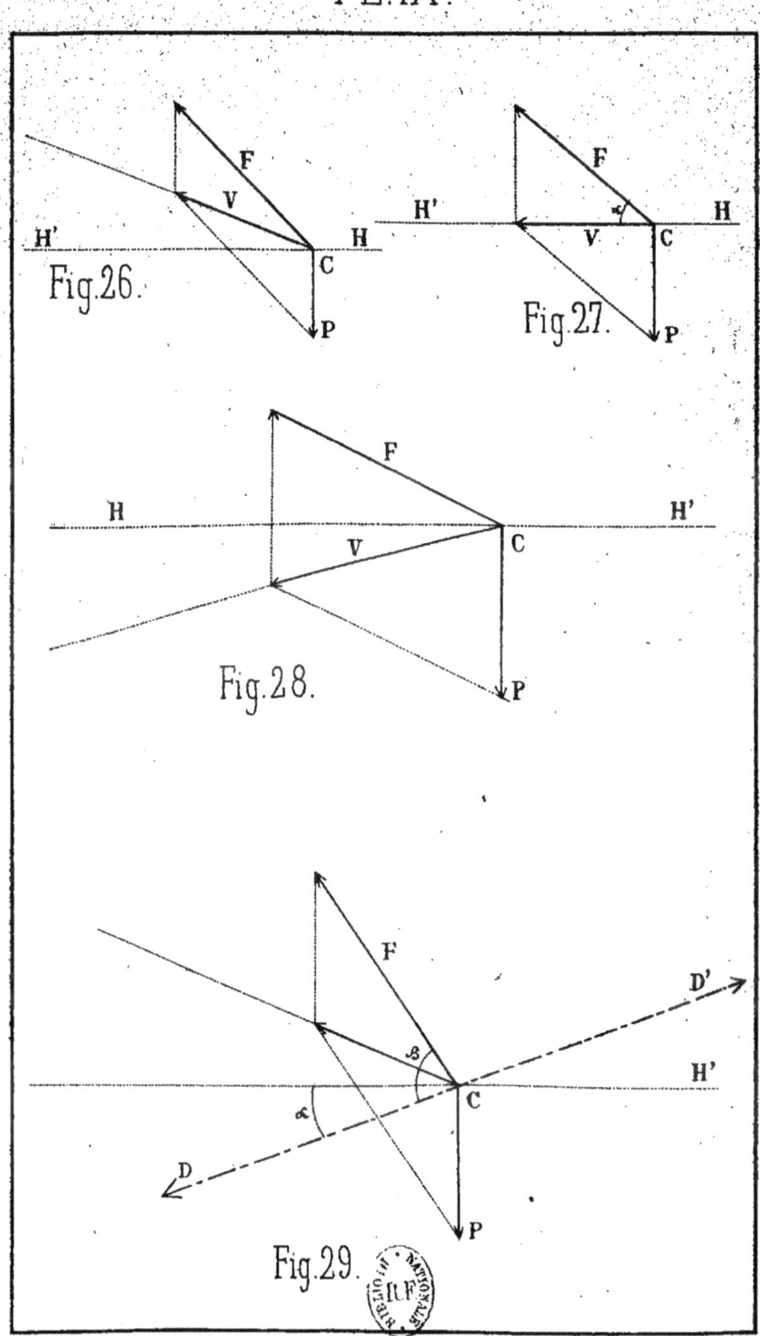
F
V
H'
H
C
P
Fig. 26.
F
H'
V
C
H
P
Fig. 27.
F
H
H'
V
C
P
Fig. 28.
F
D'
H'
β
C
α
D
P
Fig. 29.

9 782013 601757